公元787年，唐封疆大吏马总集诸子精华，编著成《意林》一书6卷，流传至今

意林：始于公元787年，距今1200余年

意林 ®

一则故事　改变一生

《意林·少年版》编辑部

意林趣味百科

植物会感觉到痛吗

大熊猫为什么不怕摔？

鲱鱼靠放屁交流信息？

《意林·少年版》编辑部 编

湖南少年儿童出版社
HUNAN JUVENILE & CHILDREN'S PUBLISHING HOUSE

图书在版编目（CIP）数据

植物会感觉到痛吗 / 《意林·少年版》编辑部编
. — 长沙：湖南少年儿童出版社，2021.3
（课本上学不到的知识）
ISBN 978-7-5562-5166-7

Ⅰ. ①植… Ⅱ. ①意… Ⅲ. ①植物—少年读物 Ⅳ.
①Q94-49

中国版本图书馆CIP数据核字（2020）第053031号

植物会感觉到痛吗

ZHIWU HUI GANJUE DAO TONG MA

总 策 划：宋春华　　　　　　　统筹编辑：高瑞云
出 品 人：杜普洲　　　　　　　执行编辑：高瑞云
图书策划：宋春华　张朝伟　　　封面设计：张　龙
责任编辑：向艳艳　　　　　　　美术编辑：张　龙
质量总监：阳　梅

出 版 人：胡　坚
出版发行：湖南少年儿童出版社
社址：湖南省长沙市晚报大道89号　　　邮编：410016
电话：0731-82196340（销售部）　　　82196313（总编室）
传真：0731-82199308（销售部）　　　82196330（综合管理部）
常年法律顾问：湖南崇民律师事务所　　柳成柱律师

印刷：北京中科印刷有限公司
印张：10
开本：787 mm×1092 mm　1/16
字数：160千
版次：2021年3月第1版
印次：2021年3月第1次印刷
书号：ISBN 978-7-5562-5166-7
定价：32.00元

序　言

　　无论是波澜壮阔的大海深处，还是罕无人迹的南极之巅，都深藏着动物和植物的无限奥秘。蚂蚁为什么爱搬家？大熊猫怕不怕摔？鸽子为什么能送信？植物会感觉到痛吗……各种奇妙的动植物趣闻，等你来揭秘！

目录 CONTENTS

第一章 动物们的生存密语

第二章 动物们的生活秘密

第一章

动物们的 生存密语

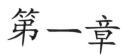

动物是人类的好朋友，它们之中的不少小伙伴更是与我们朝夕相伴，是人类的"团宠"。但我们也许并不像自己想象中那样了解它们。比如，黑猩猩的脸为什么那么皱？猫和狗谁更聪明？北极熊是白色的吗？这些密语，一起来听听动物们怎么说。

鱼 的记忆只有7秒吗

文/佚 名

　　有人说鱼的记忆只有7秒，7秒之后它就不记得过去的事情。如果把"鱼的记忆只有7秒"当成一个科学结论，那么疑问就来了：记忆能力可以被精确到秒吗？如果鱼的平均记忆有7秒，那么一些笨鱼的记忆岂不是只有两三秒？当这些笨鱼咬了一口食物以后，岂不是瞬间就忘记嘴里含着的东西是什么了？

　　科学家对有名的观赏鱼——天堂鱼的记忆力进行了研究。当在水池中遇到陌生的金鱼时，天堂鱼会好奇地游来游去，打量新来的邻居，直到失去兴趣为止。如果天堂鱼和金鱼第二次在水池中相遇，它们会很快发现对方是老熟人而失去探索的兴趣。实验发现，这样的记忆力至少可以保持3个月。因此鱼的记忆不止7秒。

物体的形状、颜色、声音都能形成鱼的记忆吗

以色列理工学院的科学家用了一个月的时间，研究鱼类对食物信号的响应与反应调节。他们每次喂鱼时都会用扬声器播放某种声音。训练一段时间后，只要听到这种声音，鱼就会回来吃食。一个月后，科学家们把鱼放入自然水域，让它们畅游。四五个月过去了，科学家们再次播放最初训练时的声音，鱼又循声而来。该研究表明，鱼类对声音能形成条件反射。

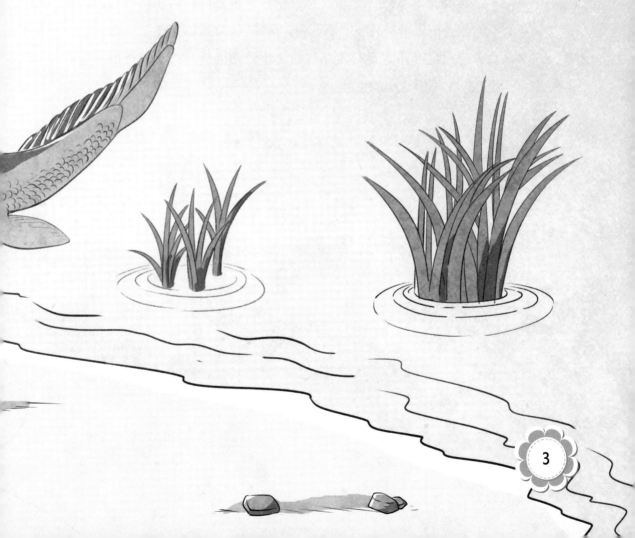

大熊猫到底怕不怕摔

文/佚 名

大熊猫怕不怕摔呢？很多人都说大熊猫是不怕摔的，事实真的是这样吗？因为大熊猫的毛皮非常厚实，骨骼密度也大。这些厚厚的毛减缓了它们摔下来造成的冲击力，对它们产生了很好的保护作用。正是这些天生的因素让它们非常抗摔。

大熊猫自带抗摔属性，所以很多我们觉得非常危险的动作，对于它们来说都无关紧要，即使真的摔下来也没有关系。大熊猫非常调皮，有的时候甚至觉得从高处摔下来特别好玩。大熊猫妈妈为了训练自己的孩子，有时候会把孩子从高坡上往下踢，锻炼它们的承受能力。

大熊猫反应非常迟缓，走路的时候也经常会摔跤或者被绊倒，它们似乎已经非常习惯这样的生活。

大熊猫是高度近视眼吗

与大熊猫亲密接触的人可能会知道,大熊猫是近视眼,它是通过嗅觉和听觉来完成对事物的认知的。把苹果、胡萝卜给大熊猫的时候,它是不知道是什么东西的,只有当它靠近后,拿起来才知道是什么食物。

蚂蚁 为什么爱搬家

文/佚 名

蚂蚁为什么爱搬家？

有一种说法是蚂蚁搬家是因为预测到要下雨。蚂蚁有特殊的方法去感应空气湿度的变化，当湿度达到一定级别后，蚂蚁会察觉危险信号，这时候就要搬到新的家里躲避这场灾难。

不过也有可能是其他原因造成的。

蚂蚁是一种地盘意识特别强的动物，如果在周围出现其他的蚂蚁窝，蚂蚁就会为了争夺生存空间，发生冲突，失败的一方会寻找新的地盘。

假如目前的家附近已经找不到食物了，蚁群出现食物短缺的现象，每次需要跑很远才能找到食物，这时候工蚁们会去寻找一处食物充足的地方，在那里打造好一个新家，然后搬到新家去。

还有可能是因为蚂蚁群体经过了长时间的发展，成员数量倍增，现在的地理环境已经无法支撑蚂蚁继续繁衍，于是工蚁们会出去寻找更大的地方来建造新家。

虽然原因有许多，不过有一点可以肯定，蚂蚁之所以选择在傍晚或者阴天搬家，是为了防止搬运蚂蚁卵时遭受太阳的暴晒。

知识小拓展

勤劳的蚂蚁休息吗

研究蚂蚁的科学家们发现，在任何一个特定的蚁群里，在任何时候，总会有一些蚂蚁站着不动，什么也不做。这对于勤劳的蚂蚁来说，是个反常现象。科学家们通过进一步研究发现，这些蚂蚁只是在休息。

狗怕猫，还是猫怕狗 文/佚 名

很多人都觉得猫怕狗。其实并非如此，猫虽然比一般的狗体形小，但是在一些单打独斗的情况下，猫还是能打赢狗的。战斗状态下的猫的反应速度会很快，肌肉性能也好，而且爪牙并用。猫看似在打架的时候总会占上风，但因为其汗腺不发达，也不能用舌头散热，所以猫不能持续地大负荷战斗。简单切磋，猫是不怕狗的，反而有时候狗会怕猫。

猫的优势在于它的视觉、听觉、警觉性、身体敏捷性以及高爆发的力量。猫的前胛多两块骨头，所以前肢相对狗来说灵活很多。狗的优势在于拥有巨大的咬合力、耐力、高度发达的嗅觉，以及极强的团队配合能力，抗打能力也强。

狗和猫单打独斗的话，狗是占不到任何优势的。但是狗的团队配合能力要比猫强很多，即使品种不同，它们也会同仇敌忾，共同应对。因此，如果战斗持续时间很久，猫还是打不过狗的。

企鹅为什么不怕冻脚

文/佚 名

企鹅同其他生活在严寒地区的鸟类一样，已经适应了寒冷的气候，能够尽可能少地散失热量，使自己的体温保持在40℃左右。但是它们的脚很难保暖，因为脚上既不长毛，也没有脂肪的防护。

那么，企鹅为什么不怕冻脚呢？这是因为企鹅通过两种机制来防止脚被冻坏。一种机制，是通过改变向双脚提供血液的动脉血管的直径来调节脚内的血液流量。寒冷时，减少脚部的血液流量；比较温暖时，增加脚部的血液流量。其实我们人类也有类似的机制，所以我们的手和脚在我们感到冷时会变得苍白；当觉得暖和时，手和脚则变得红润。

此外，企鹅双脚还有一种"逆流热交换系统"。我们都知道，热量会从温度高的地方向温度低的地方传递，而企鹅的脚部直接与外部环境接触。正常来说，热量不都散失了吗？但是企鹅有自己的一套方法，就是让流过脚部的血液温度没那么高，这样就能有效减少热量散失。所以企鹅脚部并不直接让温度高的动脉血液单独直接经过，而是在动脉血液到达脚部之前，用温度较低的静脉缠绕在动脉上，这样就能让到达脚部的血液温度没那么高，热量散失也没那么大。

在冬季，企鹅脚部的温度仅保持在冰点温度以上1℃~2℃，这样最大限度地减少了热量散失，同时防止了被冻伤。

世界上有多少种企鹅

世界上共有17到20种企鹅，它们的体形相差很大，最大的帝企鹅身高可达1.2米，体重可超40千克；而最小的小蓝企鹅身高只有43厘米左右，体重约1千克。

大自然的建筑师——蚂蚁

文/佚 名

在自然界中，蚂蚁是最普通、数量最多的昆虫，在陆地的各个角落几乎都可以看到它们忙碌的身影。作为一种高等级的昆虫，它们具有社会生活习性，如蚁后专司产卵繁殖，工蚁主要负责采集食物、营巢、抚养幼蚁等，兵蚁则负责保卫蚁巢。它们无声无息地构建了一个奇妙的昆虫"国家"，有组织，有分工，也有"军队"。

为了躲避天敌的捕捉、养育后代和抵御外部不良环境的影响，蚂蚁经过长久进化后，学会了一门非常实用的手艺：筑巢。它们根据自己的习性，建造出材料不同、形状各异的居室供自己和后代居住。大多数蚂蚁选择在土中建造自己的巢穴，有的蚁巢极为简单，仅在地面有一个出口；有的蚁巢则结构复杂，设有主通道口和副通道口，便于蚂蚁快速出入。

　　在地表之下的蚁巢内，通道纵横交错，一般紧靠通道口的地方会有多个兵蚁的巢室，这样蚂蚁在遇到危险的时候可以快速爬出蚁巢，将敌人消灭在"国"门之外。再往里面，按照功能的不同可分为幼体哺育室、蚁后室、食物储藏仓库、墓地。蚁后室是蚁后生活的地方，蚁后每天产很多卵，这些卵会由工蚁搬到哺育室进行孵化和养育。食物储藏仓库就是蚂蚁储存食物的地方，一些种类的蚂蚁还会将仓库分为储存植物种子和各种动物尸体的专用仓库，喜欢食用菌类的蚂蚁还建有专门的菌房，以便培育自己喜欢的"蘑菇"。

　　蚂蚁们还充分考虑到了雨水对蚁巢的影响，一些蚂蚁在雨天时用泥土将洞口封闭，另外一些蚂蚁则将挖出的泥土堆在通道口，使出入口高于地表，防止雨水灌入。

　　在荷兰有一种蚂蚁，它们将泥土堆成坟墓状的土丘，最高的可达1米，对蚂蚁而言，这个高度相当于人类建造的摩天大厦。这样的蚁丘，不仅工程量惊人，而且结构复杂，不能不让人叹服，无怪乎蚂蚁被称为自然界杰出的建筑师。

企鹅为什么不能飞

文/尹 佳

企鹅虽然长着鸟一样的头和喙以及一对翅膀，却不能飞。这是为什么呢？

有科学家指出，企鹅不会飞是潜水能量消耗远低于飞行能量消耗而做出的最优选择。

生活在太平洋、大西洋北部的海鸠是一种和企鹅非常类似的海鸟，不同的是它们仍然保留了飞行能力。科学家在测试海鸠飞行、潜水两种运动状态的能量消耗后发现，其潜水时所需的能量远低于其他鸟类，仅次于企鹅潜水的能量消耗。但是，海鸠飞行时所需的能量不仅是飞行鸟类中最高的，而且远远高于其自身的基础代谢率。

从生物力学的角度来说，这种低耗能潜水行为和高耗能飞行行为会让海鸠在进化过程中有失去飞行能力的可能。这也从侧面说明了企鹅失去飞行能力也可能是同种原因造成的。

因为生活在隔绝性海岛，企鹅不需要花费极大的气力飞行去躲避天敌，所以在进化过程中逐步失去了飞行能力。

企鹅吃什么

企鹅主要吃海洋里的一些浮游生物，最喜欢吃的是南极的磷虾，有时候也会吃一些乌贼和小鱼之类的动物。企鹅的胃口非常好，每只企鹅每天基本上能吃1千克左右的食物。因此，企鹅是南极生物链非常重要的一环。

老鼠也有 "我的文档" 吗

文/佚 名

人类有永久记忆、短期记忆和瞬间记忆三种记忆能力，科学家们研究发现，自然界中的部分动物也有这样的能力。

对人类来说，有记忆功能意味着在玩游戏、解决"精神算法"问题以及进行对话时，可以对已经存在的信息进行处理。但你知道吗？老鼠也有"我的文档"！像计算机一样，老鼠也有短期的随机存取记忆的功能。

就像人类可以用指尖感受震动一样，老鼠用胡须来感受震动。而老鼠的记忆功能可以帮助它们识别环境刺激，从而决定在再一次遇到相同情景时，对这些刺激做出反应。在遇到危险或者紧急状况时，老鼠能利用已有的经验来提供解决问题的最佳行动方案。但是，研究人员并不知道老鼠大脑的哪个部位才是负责存取记忆的。

乌鸦大脑也拥有存取记忆功能的部位，但是由于乌鸦的大脑构造和哺乳动物不同，所以并不能在研究老鼠记忆功能分区的问题上给予参照。这就表明大脑构造不同，认知能力的发展也可能不同。因此，在乌鸦身上成立的结果，不能直接应用于老鼠。

知识小拓展

老鼠其实并不喜欢吃奶酪

科学家们已经证实，如果不是饥不择食，老鼠并不喜欢吃奶酪，而是喜欢吃含糖量高的食物，比如巧克力等。

扫一扫

章鱼
为什么那么聪明

文/尹清婉

　　记忆力超群，能自如地操控物品，会耍小计谋……这些都是章鱼、乌贼、鱿鱼等头足纲类动物所具有的能力。在所有的无脊椎动物中，头足纲类动物的神经系统是最复杂也是最高级的，不仅如此，它们还有着巨大且高度发达的大脑，和几千组其他动物不具有的基因。

　　在所有的无脊椎动物中，章鱼的智力水平是最高的，而在水生动物中，章鱼的智力仅次于海豚，排名第二。章鱼共有三颗心脏，两个记忆系统，一个是大脑记忆系统，另一个记忆系统则直接与吸盘相连。章鱼的大脑中有5亿个神经元，身上还有一些非常敏感的感受器，这种独特的神经构造，使其具有超越一般动物的思维能力。

　　人类的850亿个神经元几乎都位于颅骨内，而章鱼的神经元大多分布在八只触手上，这使得章鱼的每只触手都拥有独立的思维和意识。生物学家曾在实验中对章鱼的一只触手进行截肢，结果发现，在接下来的一小时中，这只被截肢的触手仍然能对外界的刺激做出反应，甚至还会用吸盘抓住自己喜欢的东西，以及推开不喜欢的东西。最令人感到震惊的是，尽管章鱼的八只触手都拥有独立的思维和意识，能够各行其是，但它们在活动的过程中不会相互干扰，触手之间也不会"打结"。

章鱼不是鱼

　　章鱼并不是鱼，鱼是脊椎动物，章鱼和乌贼一样，都属于软体动物。章鱼不仅能在水中游泳，还可以借助被称为腕足的八只脚在海底爬行。在未知的海域，章鱼可是有很多办法对抗天敌的，比如变色。

黑猩猩的脸怎么那么皱

文/佚 名

经常去动物园的人不知道是否注意到一种现象，不论是成年的黑猩猩还是黑猩猩宝宝，它们的脸看起来都是皱巴巴的，像上了年纪的小老头。这究竟是什么原因造成的呢？

其实，这里的"皱"应该是相对于人类的脸来说的，其他灵长类动物和黑猩猩一样，脸也都是皱巴巴的。这主要是因为人类和这些灵长类动物的脂肪分布位置不同。简单来说，它们的脸上脂肪很少，大部分是肌肉，而人类的皮肤出现皱纹，除了胶原蛋白流失，还与脂肪细胞的减少有关。

我们人类幼年时的"嘟嘟脸"和"婴儿肥"是面部具有丰富的胶原蛋白和脂肪的缘故。相反，黑猩猩的脸是非常"瘦"的。它们脸上的脂肪很少，原因有两点。其一是存储体脂的位置：人类的体脂大多数储存在皮下。这使得人脸上的皮肤看起来更加光滑饱满；而其他灵长类动物的体脂大多储存在体内，脸上的肌肉少了脂肪的覆盖，肌肉的纹理就会毫无遮挡地呈现在脸上，使它们的面部看上去十分消瘦憔悴，就像个皱巴巴的老爷爷。其二，其他灵长类生物的体脂含量比人类少。研究表明，雌性黑猩猩的平均体脂含量大约是体重的3.6％，而人类婴儿大约是13％，成年女性则是24％~30％。正因如此，黑猩猩和其他灵长类动物的脸才会是皱巴巴的样子。

人类婴儿的体脂含量低，所以才出生的小宝宝脸也是皱巴巴的，和黑猩猩的面部十分相似。

知识小拓展

猩猩捶胸其实是一种显示自己力量的示威行为

　　说起捶胸，你是不是会想到猩猩"呜哇啊啊"地用拳头打自己呢？其实，猩猩更多时候是用手掌拍胸的。因为比起拳头，手掌拍会更响亮，也更有气势。当然警告一下，不要轻易尝试在猩猩面前拍胸，猩猩会觉得这是一种挑衅行为。

21

大熊猫为什么没有彩色照片

文/李 雯

大熊猫的脸、脖子、肚皮和臀部之所以是白色的，是因为这能帮助它们在积雪的栖息地躲藏；而四肢之所以是黑色的，是因为这能帮助它们将自己躲藏在森林的阴影里。

大熊猫消化能力较弱，只能以竹子为食，而不能吃更多种植物。它们也无法像有些熊那样在冬天存储多余的脂肪来冬眠。它们必须终年活动，长途跋涉去觅食，因此它们的栖息地变化也很大——从雪山到亚热带森林都有。为了适应这种生存状况，大熊猫进化出了黑白两种毛色。

不过，大熊猫的头部配色不是为了伪装躲开捕食者，而是起到交流作用。它们黑色的耳朵给人一种"凶残"的感觉，可以警告捕食者；而黑眼圈有助于同类间互相识别，或者向同类竞争者发出警告。

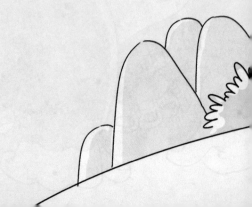

大熊猫曾叫猫熊

　　大熊猫的英文名Panda或者Panda bear，只为和小熊猫（也叫红熊猫Red panda）区分开来，所以有人也叫它们熊猫、胖达、滚滚。但大熊猫的曾用名鲜为人知，比如，猫熊（1940年还叫这个名字，人们都喜欢读成"熊猫"）、华熊、大浣熊、猛豹、黑白熊、竹熊、银狗、洞尕、执夷、貘、食铁兽等。

大象的耳朵
为什么那么大
文/佚 名

　　去动物园看过大象的朋友都知道，大象是个庞然大物，它有着长长的鼻子，像柱子一样粗壮的腿，如墙壁般高大厚实的躯干，特别是那双可爱的大耳朵，一晃一晃地摇动，像两把大蒲扇，惹人喜爱。可是为什么大象的耳朵那么大呢？

　　原来，大象是非常怕热的一种动物，耳朵对于大象来说，最大的作用莫过于散热，这种功能甚至凌驾于听觉之上，这是大多数人所不知道

的。大象的体积特别大，因此身体代谢产生的热量也格外多，如果不能及时地"散热降温"，大象就会体温过高。而体温过高或过低都会对大象的身体产生巨大伤害，甚至会危及大象的生命。此时也就需要一个有效的办法来帮助大象散热。

大象的耳朵不仅大，而且薄，就像我们家里的大蒲扇。大象的耳朵里充满血管，血液流经这里时会产生很多热量，大象通过扇动耳朵，很容易就把热量散发出去了。冷却的血液在体内循环，帮助大象把全身的温度降下来。由此可见，大象的耳朵是作为散热器进化而来的。这样，在炎炎夏日里，大象也能靠着自带的纯天然"空调扇"给自己纳凉降温。

不同地区的大象耳朵也有区别，非洲要比亚洲更热一些，因此，非洲象的耳朵也就比亚洲象的耳朵更大一些，耳朵里的毛细血管网也更密一些。所以那里的大象两只耳朵扇动起来，热量散发得更快，全身的温度也会下降得更快。

当然，大象的耳朵还有许多其他功能，例如扇动起来驱赶蚊虫，甚至在遇到敌情时张大耳朵进行探听……总的来说，大耳朵对于大象来说是非常实用的。

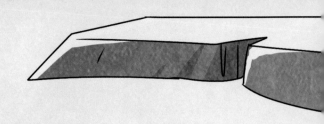

北极熊
真的是白色的吗

文/佚 名

　　生活在极地的恒温动物北极熊的皮毛保暖性极强，它们身上看似雪白的毛，其实是一根一根的无色空心管，这些细管就像光纤一样，可以将阳光中适宜波长的光线导入身体，吸收其中的热能。

　　这些透明管的内壁比较粗糙，可见光在此会产生大量不规则的折射与反射，所以肉眼看上去就像是白色的。这个道理类似于，大块的冰是无色透明的，但雪或刨冰就会呈现白色。

　　另外，北极熊毛发之下的皮肤，其实是纯黑色的，这一点从它们裸露的鼻头就可以看出。事实上，北极熊的皮肤中必须含有大量的黑色素，才可以将毛发吸收的大量紫外线转换为对自身无害的热能，同时，这种颜色能进一步减少自身热量散失。

狗为什么比猫更忠诚

文/李小凤

　　忠于人类是狗的天性。如今的狗在保护主人不受伤害时显示出来的勇气和韧性，来源于它们祖先的群居生活时的那种团结。群居的狗有强烈的集体生活本能。狗习惯于集体行动，它们会服从比自己更强大的人，或者是团队的领导者。狗有敏锐的听觉和嗅觉，能

够尽可能早地发现猎物，或追逐猎物或咬猎物。在狩猎过程中，它们对人类非常有帮助。很早以来，人类就一直在积极地饲养狗，选择那些更忠于主人的狗，这些狗便更有机会进行繁殖。

在农耕社会，过上定居生活的人类，不断储存食物，并逐渐组成大的部落。之后，为了得到更肥沃的土地，出现了部落间的势力竞争。因此，人类不仅对肉食动物，对外部的人也开始抱有很强的戒备心。在这个过程中，狗对陌生人的戒备心理，以及通过叫声告知人们有异常发生的能力，也发挥了很大作用。在长时间的培养和积累的过程中，人类和狗的感情也越来越深厚。

但是在猫看来，老鼠是自己捕捉的，和人类没有关系，所以获得食物是自己的功劳，它们只是和人类建立了一种共存的互利关系而已，因此没有必要对人类那么忠诚，更没有必要过分讨好人类。

知识小拓展

狗比猫更早成为人类的宠物

狗是人类最早开始驯养的动物，而且这种饲养行为早在农业革命之前便已发生。猫是在什么时候被驯化的呢？大约在6000年前，始于中东的古埃及。非洲野猫的幼猫很容易被驯养，一般认为，它们很可能就是目前家猫的祖先。

煮熟的虾蟹
为什么会变红 文/佚 名

　　虾和蟹都是人们餐桌上的珍馐美味，可你有没有注意过，活生生的龙虾、大闸蟹是青绿色的，但一到蒸锅里待上几分钟就立刻变成鲜艳夺目的橙红色，这神奇的变色过程有怎样的奥秘呢？

　　有人说，那是因为它们痛，出血了，就像人的手被水烫了也会变红一样。有人说，是因为火是红色的，用火去煮虾和蟹，就会把它们染红。这些说法当然不对，那为什么煮熟的虾蟹会变红呢？

　　大闸蟹和虾都属于甲壳类动物，它们的颜色主要取决于甲壳下面真皮层中散布着的色素细胞。在这些色素细胞中，含有虾红素的细胞最多。虾红素可与不同种类的蛋白质相结合，变为蓝紫或青绿等其他颜色的虾青素。加热时，蛋白质被破坏，与虾红素分离，而且其他大部分的色素遇到高温也都分解了，只有虾红素不怕热，不会被破坏，因此颜色变为橙红色。

　　大家还可以发现，大虾凡是虾红素多的地方，如背部，就显得红些；而虾红素少的地方，如附肢的下部，就显得淡些。

知识小拓展

皮皮虾是战神

你可能不知道，皮皮虾拥有一副"战魂"。它们有三重视野，有流星锤一样的捕食足。在海底，个头不算大的皮皮虾，是许多生物的梦魇。在皮皮虾"出拳"时，"拳速"高达80千米每小时，加速度超过10000g（重力加速度）。

孤独的蚂蚁 死得快

文/佚 名

蚂蚁是群居动物。如果你在地上发现一只蚂蚁，说不定附近还有另外1500万只。它们群居，不仅因为蚁多力量大，还因为一只离群的蚂蚁会很快孤独地死去。

蚂蚁平均寿命6～12周，但一只离群的蚂蚁通常不出6天就会死掉。

研究发现，独居的蚂蚁表现得更加好动，不停地爬来爬去。它们跟群居蚂蚁吃得一样多，但吃进去的大部分食物被储

存在嗉囊里，没有消化。

嗉囊是蚂蚁腹部的器官，用来储藏寻觅到的食物，当蚂蚁返回巢穴后，会将这些食物反刍，以喂养种群中的其他成员。喂养其他成员后，蚂蚁嗉囊里剩下的食物才会被自己消化。

按理说，独居的蚂蚁不用与其他成员分享食物，营养应该更充足，那么，在食物充足的情况下，为什么独居的蚂蚁会选择储存食物呢？

研究人员猜测这可能是压力导致，又或许是蚂蚁在反刍食物时，与其他成员交换的液体会刺激它们的消化。

知识小拓展

蚂蚁也会放牧和爆炸

只有人类和蚂蚁会驯养其他物种，部分蚂蚁会"放牧"蚜虫，并汲取蚜虫吸收到的汁液。

有一种蚂蚁叫爆炸蚂蚁，当遇到危险时，会选择自爆，与敌人同归于尽。

狗为什么爱在夏天伸舌头

文/佚名

　　和人一样，狗也是恒温动物。人和动物散热时都需要让热量通过汗液分泌散发到体外，保持体温的相对稳定，这样身体才能保持健康。

　　可是狗的身体很特殊，它的汗腺主要分布在舌头上。于是，在炎热的夏天，为了保持正常体温，狗只好伸出舌头来散发热量。

　　除了舌头，狗还有一部分汗腺分布在脚底。不只在夏天，狗只要是奔跑或打架热了之后，都会伸出舌头散热。

狗是色盲吗

狗能够分辨深浅不同的蓝色和紫色，但是对于红色、绿色等高彩度的色彩没有辨别能力。对于狗来说，红色在它的世界是暗色，而绿色是白色。所以，狗在一大片草坪上所看到的是一片白茫茫的草原。

35

为什么北极没有企鹅

文/佚名

南极和北极位于地球的两端，都是气候酷寒、终年冰雪覆盖之地。两者的气候和环境条件似乎很相近，但是，南极生活着企鹅，北极却没有，这是为什么呢？

要说清楚这个问题，需要从历史和现实两个方面入手。

我们所说的企鹅，是动物分类上一个较大的鸟的类群，它们不会飞行，适应水中生活，全部分布在南半球。科学家认为，企鹅是在几千万年前从一种会飞的鸟演变而来的，这些鸟当时生活在现在的新西兰一带。那时，新西兰离南极没有现在这么远。于是，有一部分企鹅就扩散到了南极，进化出了今天常见的几种南极企鹅。

从现实来看，南极和北极虽然环境类似，但生态条件并不相同。南极是一块独立的大陆，周围被广阔的海洋包围。南极气候寒冷，只有一些原始的昆虫和苔藓类植物生长，因而也缺乏大型食草类动物，更没有类似北极熊这样的肉食动物。企鹅因此可以在周边的海域中获得足够的食物。

四面环海，阻止了企鹅的天敌迁移到南极，从而给企鹅提供了一个得天独厚的栖息和生长环境。所以，即便忽略历史因素，我们现在人为地把企鹅运到北极，它们也很难在北极长久地栖息、繁衍。

座头鲸的 "长途电话"

文/佚 名

　　每年，座头鲸都要进行迁徙，夏天到寒冷的海域，冬天则在温暖的海域繁衍。它们其貌不扬，体形巨大、臃肿，但是在迁徙的过程中会"表演"一个绝活——跃出水面，扭转身体，背部入水，并拍打胸鳍。要知道，对于所有有迁徙行为的动物来说，迁徙之路都非常艰辛，它们会尽力保存体力，但是座头鲸跃出水面的行为显然非常浪费体力。长久以来，人们一直不确定它们为什么这样做，有观点认为，跃出水面是座头鲸摆脱寄生虫的方式之一。不过最近，科学家似乎找到了一个更好的答案。

科学家对94条不同种群的座头鲸观察发现，座头鲸会在特别的时刻跃出水面，比如繁殖、哺育幼崽、新的座头鲸加入等。此外，海上风大或者其他鲸群在4000米之外的位置时，它们跃出水面的行为也会增加。所以，它们不太可能是为了甩掉寄生虫而跃出水面。根据这些信息，科学家认为，座头鲸跃出水面，拍打双鳍，还有落下时拍打水面，都具有重要意义，它们可能是通过这种方式传递某些信号。

看来，座头鲸是在利用跳跃"打长途电话"啊！

螃蟹 为什么横行

文/佚 名

螃蟹为什么喜欢横行？

首先，结构决定功能，螃蟹的每只步足都由七节组成，关节只能上下活动，就如人的胳膊肘不能往外拐、膝盖不能向后弯是一个道理。事实上，螃蟹可以缓慢地向前行走，但其步幅、速度和效率远远低于横着走。

其次，螃蟹横着走和它身体的长宽比例也有一定关系。螃蟹的左右方向要宽于它的头尾方向，整个身体宽宽的，呈扁平状，这样便于以较低的能耗、最快的速度进入狭长的洞穴，躲避敌害的攻击。大多数螃蟹头胸部的宽度大于长度，因而爬行时只能一侧步足弯曲，用足尖抓住地面，另一侧步足向外伸展，当足尖够到远处地面时便开始收缩，而原先弯曲的一侧步足马上伸直，把身体推向相反的一侧。由于这几对步足的长度是不同的，螃蟹实际上是向侧前方运动的。

然而，也不是所有的螃蟹都只能横行，比如和尚蟹（和尚蟹因背甲又圆又凸而得名，生活在潮间带沙土的地道中）和蜘蛛蟹（蜘蛛蟹足细长，形似蜘蛛）。成群生活在沙滩上的长腕和尚蟹就可以向前奔走，生活在海藻丛中的许多蜘蛛蟹还能在海藻上垂直攀爬。

动物们也讲究"节能"，它们只是更愿意选择更高效的行走方式，这主要是由它们的身体构造决定的。

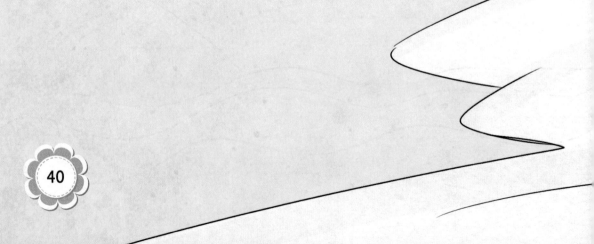

螃蟹的牙齿长在胃里吗

螃蟹属于甲壳动物，和高等动物不一样，它是没有内骨骼的，所以它的嘴里也没有牙齿。螃蟹的嘴巴只是用来吞咽食物的。食物被吞咽以后，经过很短的食道，进入胃里。在胃的末端，有长得像牙齿一样的结构，螃蟹就是通过它们来磨碎食物，从而进行消化。

恐龙 会长羽毛吗

文/佚 名

恐龙其实会长羽毛，我们有化石为证。科学家在西伯利亚发现了1.6亿年前的恐龙化石，这是一种小型的食草恐龙，身上长着羽毛。这可能有点儿颠覆你对恐龙的认知，恐龙并不像我们想象的那样全都皮肤粗糙，有很多品种的恐龙都长着羽毛。

不只在西伯利亚，在我国，科学家也曾多次发现带羽毛的恐龙化石。1996年，在辽宁北票市四合屯发现的"中华龙鸟"化石就曾经震惊世界。"中华龙鸟"是一种小型兽脚类恐龙，兽脚类恐龙是靠后足行走的肉食性恐龙，其中最具代表性的就是霸王龙。比起"远房表哥"霸王龙，"中华龙鸟"娇小多了，它身长约70厘米，宽约50厘米，从头到脚长着像羽毛一样的皮肤衍生物，毛长约为0.8厘米，因为看起来既似恐龙又似鸟类，被命名为"中华龙鸟"。

"中华龙鸟"虽然被人发现得早，但在长羽毛的恐龙中，它还只是"晚辈"。2008年年底发现于辽宁省建昌县玲珑塔地区的"赫氏近鸟龙"，比"中华龙鸟"的"资格"还要老上2000万甚至3000万年。"赫氏近鸟龙"是目前世界上已知的最古老、保存最完整的长羽毛的恐龙，在它的骨架周围可以看到清晰的羽毛印痕，前肢、后肢和尾部尤其明显。

"赫氏近鸟龙"的资历确实很惊人，就算大名鼎鼎的"始祖鸟"看见它也要叫一声"前辈"，因为它比曾被认为是最早鸟类的"始祖鸟"还要早几百万年甚至上千万年。

第二章

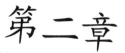

动物们的
生活秘密

听完动物们不为人知的生存密语后，你是不是觉得还不过瘾？想进一步了解这些动物日常生活的习性吗？实际上，动物们在日常生活中也有很多秘密，比如小鸟在高空飞翔为什么不会相撞？座头鲸为什么会喷泡泡？狗狗也会看电视吗？下面，让我们一起走进动物们的日常生活，查访一番吧！

马是站着睡觉吗

文/宋日红

　　不论野生动物还是家养动物，不论它们的睡姿多么优美或呆萌，它们中的绝大部分都离不开同一种睡觉方式，那便是躺着。而在这个"绝大部分"之外，有一个特立独行的物种，它不论在白天还是晚上，睡觉均采取站立的方式。这个有着奇特睡姿的家伙便是马。它为什么要放弃舒适的"卧式"睡姿而选取站立的方式呢？

　　过去的野马一直生活在条件艰苦的荒漠戈壁和竞争激烈的草原地带。它们不但要躲避人类的猎杀，还需要时刻提防食肉动物的袭击。所以，它们只能时刻保持高度警惕，即使是睡觉也采取站立的方式。只有这样，它们才能在遇到危险时以最短的时间做出反应，从而快速奔跑。

　　现代的马都是从野马驯化而来的，因此，依然保留着野马站立睡觉的习性。有趣的是，研究马的专家们认为，在同一个马群或同一个马厩中，可能会出现一部分马躺下睡觉的情形，但在同一时刻，它们绝不会全部采用"卧式"睡姿，而是任何时候都会有一匹马高昂着头在那里"站岗"。如果只有一匹马，不论是白天还是夜间休息，它始终会保持站立的姿势。

鸽子
为什么能送信

文/佚 名

　　古人并没有发达的通信工具，他们如果想给远在万里之外的亲朋传递信息，只能通过侍卫快马加鞭送到，或者利用飞鸽传书。那么鸽子是通过什么找到送信的地方呢？难道鸽子天生就会认路吗？

　　鸽子和一般的鸟不同，它们具有辨别方向的能力。在鸽子的两眼之间有一个凸起，能够感应到地球磁场的变化。天晴时，鸽子利用太阳光来辨别方向，鸽子体内的生物钟能校正阳光移动的方向，从而确定方向。阴天时，鸽子则根据地球磁场的变化来寻找方向。因此鸽子在陌生的地方也能够准确找到回家的路。

　　鸽子可以飞很远的距离，并且速度很快，它们还具有非常强的视力和记忆力。另外，鸽子非常恋家，所以人们就利用鸽子的这些特性对其进行训练。但是鸽子并不是主人让它送到哪个地方，它就会自己找到那个地方的。通常人们需要对鸽子进行往返地的训练。

狼比狗更擅长"模仿秀"

文/佚 名

　　我们通常可以在电视上看到各种明星模仿秀类的节目，歌舞类的模仿秀尤其普遍，然而你知道吗？其实在动物界也隐藏着"模仿秀"高手。在马戏团，我们可以看到各类"模仿秀"高手：骑车的棕熊，表演杂技的猴子、狮子，用鼻子顶球的大象，在海洋馆里温驯地进行表演的海豚，动物们似乎都有着十八般武艺。日常生活中，我们也能看到聪明的狗可以模仿人类站立。但是最近科学家们在研究中发现，比起狗，狼其实更擅长相互观察和学习。

　　科学家对14只狼和15只差不多大的狗进行了研究。在研究期间，每只狼和狗都要观看一只受过训练的狗用它的嘴巴和爪子打开一个木盒子，最终得到食物奖励的过程。随后，受测试的14只狼都能成功地打开盒子，而15只狗中只有4只能打开盒子。由此可见，这些狼更容易使用它们最初观察到的方法。

　　科学家认为，狼更加依赖彼此，换句话说，有"抱团"心理。因此比起狗来，它们更容易互相模仿，似乎这种模仿行为奠定了人驯化狗的基础。

狼的眼睛会变色

　　小狼崽刚出生的时候，眼睛是漂亮的宝石蓝。等到9个月大，才会变成我们所熟知的黄色。

为什么老鹰的视力**那么好**

文/佚 名

在动物界，老鹰是出了名的眼睛好，老鹰的视力范围能达到36公里，这整整是人类的6倍，那么，老鹰的视力为什么那么好呢？

鹰可以在几千米的高空飞行，在高速飞行的过程中，能准确无误地辨别地上的动物，就连蛇、田鼠也逃不过它的眼睛。这是老鹰的眼部结构比较独特的缘故。人类每只眼睛里的视网膜上，都有一个凹槽，叫作中央凹，老鹰眼中的中央凹却有两个。这两个中央凹的作用不同，其中一个专门用来向前方看，另一个则专门用来向侧面看。这样，老鹰的视觉范围就宽得多，能兼顾前方和侧面。除此之外，老鹰的每个中央凹内用于看东西的细胞也比我们人类的多出六七倍。

　　还有就是它们的视网膜上血管的数量少，而视网膜上的血管会导致入射光散射，血管数量少可以减少散射，因此视力就好一些。另外，鹰眼的瞳孔很大，能够让进入眼睛的光线产生的衍射降到最低，因此看东西更清晰。

　　所以，鹰不仅比其他动物看得远，而且看得更清楚，人们就送给它一个外号——"千里眼"。

　　还有很多学者觉得，鹰的视觉机制也跟人不同，鹰眼中的世界跟我们看到的世界可能有所不同，就好像蜜蜂对紫外线敏感一样，鹰眼可能对鼠、兔在草叶上撒尿标记的光线有特殊的洞察力，新鲜的尿液会产生与环境不同的紫外光谱，所以鹰只要对它们看到的发亮区"尿液痕迹"多留意就行了，那样的话，发现猎物的概率会很大。当然，在近距离上，鹰的常规视力还是起作用的。

猴子真的
喜欢吃香蕉吗 文/佚 名

在很多人的印象中，香蕉是猴子非常喜欢的一种食物。不过，事实真的如此吗？

猴子喜欢吃香蕉这个说法，最早是在动画作品中出现的，后来逐渐被人们接受。另外动物园给猴子投喂的食物很多是香蕉，所以让大家产生了猴子喜欢吃香蕉的观念。其实野生的猴子很少会吃香蕉，因为野生香蕉根本无法食用。

我们现在所吃的香蕉都是长时间培育而成的。有科学家做过实验，给猴子不同的蔬菜、水果、坚果和面包让它们挑选，结果发现葡萄排第一位，香蕉排第二位，面包排在最后。

至于野生猴子喜欢吃什么，还要根据它们生存的环境考虑。比如金丝猴大部分食物是昆虫，而狮尾狒狒喜欢吃草，倭猕则以树木的汁液为食，草原狒狒是杂食性动物，偶尔吃肉。当然，大多数野生猴子喜欢吃树叶和花果。

世界上最小的猴子

生活于南美热带雨林的狨猴，又称拇指猴，是世界上最小的猴子。这种猴子长大后身高一般只有10~12厘米，重80~100克。新生猴只有蚕豆般大小，重13克。已知的狨猴最长寿命达11岁。

长颈鹿总是从逆风方向吃树叶

文/佚名

　　并不是只有人爱挑食，其实动物界也有"挑食"的小宝宝。不过这里的"挑食"似乎变了意思，主要指对美味的执着追求。

　　长颈鹿就是一种患有轻微挑食症的动物，我们都知道长颈鹿喜欢吃树叶，但如果认真观察的话，就会发现一种很有趣的现象，长颈鹿在吃东西的时候，是从逆风的方向下口的。

　　事实上，长颈鹿养成这个习惯并世代传下来，是它们追逐美食的结果。长颈鹿最喜欢吃的是长满刺的金合欢树的树叶。长颈鹿脖子的特殊关节构造，使得它们只要抬头，就可以吃到金合欢树顶端那些没有刺的嫩叶。正所谓"上有政策下有对策"，委屈的金合欢树用刺武装自己来逃过动物觅食的嘴。它们不甘心败在长颈鹿嘴下，于是施展了另一种本领，那就是释放一种化学物质，使自己的叶子变苦；还会迎风发出报警信号，使得周围的树木也进入警戒状态。为了避免总是吃到苦叶子，长颈鹿试图从逆风方向来接近树叶，这样的话，就可以轻松逃过食物变苦的厄运，吃到鲜美的叶子。

　　这样看来，长颈鹿的"挑食"似乎是有道理的，是一种为了想要吃到更美味的叶子的大智慧。

蟋蟀 能预报天气吗

文/佚 名

动物们对天气变化的反应最敏感，你可能不知道，全世界共有600种动物够得上"天气预报员"这个称呼，其中，最为人们所熟知的就是生活在田间地头，经常出现在大众视野里的蟋蟀了。

假如你不相信蟋蟀能预测天气的话，不妨来做个测试：捕捉一只蟋蟀放进瓶子里。早晨，用温度计测量瓶子内部的温度，然后记下一小时内蟋蟀鸣叫的次数；中午，当气温升高后，再用温度计测量瓶子内部的温度，并记下相同时间长度内蟋蟀鸣叫的次数；下午和晚上用同样的方法来记录。你会发现蟋蟀的鸣叫次数与瓶内温度有关。

那么，蟋蟀的鸣叫频率和温度间的关系是怎么建立的呢？

一些冷血动物的身体机能在温度较高时运行较快，只要比较蚂蚁在冷天与热天的奔走速率就知道了。蟋蟀也不例外，它们鸣叫的频率与温度直接相关：当温度低于 7 ℃时，蟋蟀由于行动迟缓，一般不再鸣叫或频率很低；而温度高于32℃时，蟋蟀也会大幅减少鸣叫次数以节省能量。

除了蟋蟀，大自然中还有很多擅长预报天气的昆虫和植物，如蜘蛛、蚊子、蚂蚁和南瓜藤等。

蟋蟀是怎么叫的

　　蟋蟀是秋天鸣叫的昆虫，一般是雄性的才会鸣叫。蟋蟀没有声带，它们的叫声不是用嘴发出的，而是腹部有一对双层的前翼翅，还有气囊，它们利用这些特殊的构造，从腹部发出各具特色的叫声。

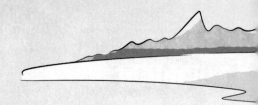

座头鲸 爱喷泡泡 文/佚 名

座头鲸非常容易辨认——由于长着巨大的胸鳍，它们也被叫作巨臂鲸。这种鲸还经常喜欢"拔刀相助"，在海里解救那些被虎鲸围捕的动物。它们还会做出另一种奇异优雅却更难以理解的行为：喷泡泡。

座头鲸每日要吞1吨至1.5吨食物，人们曾深信它们用喷水孔喷出大量气泡是为了更轻易地捕捉磷虾和小鱼。

但这一行为或许还有别的用意——它的首要目的可能在于交流。泡泡或许是座头鲸的玩具，既可以用来玩耍，又可以用来表达愉悦的情绪，还有可能是圈住配偶和划分领地的工具。此外，不透明的白色"泡泡墙"能掩护鲸鱼，蒙蔽捕食者。

座头鲸是"热血侠客"

在海洋中，座头鲸就像行侠仗义的侠客，而且似乎最爱找虎鲸的麻烦。在115起座头鲸主动找虎鲸麻烦的事件中，11%是在虎鲸追捕座头鲸同类时发生的，而89%则是虎鲸在追捕其他诸如海豹、海狮之类的哺乳动物时发生的。救同类可以理解，但是为什么虎鲸捕杀其他动物时，座头鲸也爱掺和呢？对于这个问题，科学家还不能给出确切的答案。

苍蝇为什么能停在垂直的玻璃上

文/佚 名

　　人在水平的冰面上走路，常常要摔跤。而苍蝇落在垂直的玻璃上，不但不会滑落，还能自由地爬行，这到底是为什么呢?

　　原来，苍蝇有适于在垂直玻璃上行走的特征。它的6只脚上各有两只"爪"，在爪的底部还有一个被一排茸毛遮住的爪垫盘。当苍蝇在玻璃上走动时，它的脚尖处便分泌出一种液体。经分析，这种分泌物是由中性脂质构成的，具有一定的黏附力。此外，蝇类的爪垫是一个袋状结构，内部充血，下面凹陷，其作用犹如一个真空杯，便于苍蝇吸附在光滑的表面上。

　　为了确定脂质分泌物作用的大小，科学家让苍蝇在浸有乙烷过滤液的玻璃片上行走，同时测定其黏附力，结果发现苍蝇脚在浸有过滤液的玻璃片上的黏附力仅为原来的十分之一。这说明，在玻璃与苍蝇脚上的茸毛之间，脂质分泌物发挥了黏附剂的作用。人们还发现，苍蝇接触玻璃表面的茸毛面积，与它使用几只脚站立有关，即苍蝇接触玻璃面的脚愈多，其黏附力愈强。

知识小拓展

澳大利亚的"国鸟"是苍蝇

在澳大利亚，苍蝇不仅不会遭到人们的鄙视，有人甚至把它视为"国鸟"，其形象一度还被印在面额50元的纸币上。

小鸟为什么喜欢"排排站"

文/佚 名

　　鸟儿是自然界的精灵，也是人类的好朋友。在日常生活中，我们常常会看到电线上的麻雀挤挤挨挨地站在一起，活像一串被线绳穿起来的小毛球，还叽叽喳喳叫个不停，既热闹又可爱。它们为什么喜欢这样做呢？

　　有些鸟独自生活，常常是为了减少被天敌发现的机会，或者避免同类之间争夺食物；有些鸟却喜欢群居，同样是为了更好地生存下去。

　　小鸟们集群凑在一起，任何一只发现了危险，就会用叫声通知大家，一群鸟都能及时躲避敌害。有时一大群鸟共同行动，会给敌人营造一种"我面对的是一只大型动物"的错觉，从而不敢贸然进攻。尤其各种小型鸟基本都在蛇类的食谱中，但蛇眼神不好，靠嗅觉来捕猎，一群小鸟挤在一起，会让蛇以为是一只大动物趴在树上，不敢再靠近。

　　群居生活也为鸟类繁殖带来了一些便利，很多群居的小鸟在交配季节虽然成对行动，但也会把鸟巢筑在和其他鸟邻近的地方，一大片鸟巢集中在一处，同样便于预警和防御敌人。在繁殖期，除了鸟爸爸鸟妈妈忙得不可开交，还会有一些"亲戚"协助抚育后代，它们多半是鸟宝宝的哥哥姐姐或叔叔阿姨，会帮助鸟爸爸和鸟妈妈孵蛋、警戒、保护雏鸟或外出捕食。

　　有些小鸟平时成对或成小群生活，只有在秋冬才聚集成大群。我们知道，体形越小的动物，体表面积与体积的比例就会越大，要想在寒冷的冬天保持体温就越难，这时候就要靠挤在一起来取暖了。

蛇没有脚
为什么还爬得快 文/方　洲

　　蛇没有脚，为什么还爬得快？这是由于它具有特殊的运动器官和运动方式。蛇全身都裹着鳞片，但这些鳞片和鱼的鳞片不同，是由皮肤最外面一层角质层变的，所以也叫作角质鳞，而大多数鱼类生物的鳞片是由皮肤最里面的一层真皮层变的。蛇的鳞片比较坚韧，不透水，也不能随着身体的长大而相应地长大。因此蛇生长一段时间，需要蜕一次皮。蜕皮后新长的鳞片比原来的要大些。蛇鳞不仅有防止水分蒸发和机械损伤的作用，还是蛇没有脚也能够爬行的主要原因。

　　蛇身上的鳞片有两种：一种在腹面中央，较大而呈长方形，叫作腹鳞；另一种在腹鳞的两侧到背部，形小，叫作体鳞。腹鳞通过肋皮肌与肋骨相连。

蛇没有胸骨，它的肋骨能前后自由活动。当肋皮肌收缩的时候，引起肋骨向前移动，从而使腹鳞稍稍翘起，翘起的鳞片尖端像脚一样踩住地面或其他物体，就能推动身体前进。

另外，蛇的椎骨上除了一般的关节突，在前端，还有一对椎弓突，与前一椎骨后端的椎弓凹构成关节，这样不仅使蛇的椎骨互相连接得更牢固，还增加了蛇身体左右弯曲的能力，使蛇体能够进行波状运动。这样，体侧就能不断对地面施加压力，推动蛇体前进。这种运动和腹鳞的活动相结合，就能使蛇的身体很快地向前爬行。

蛇的皮肤很松弛，当鳞片和地面接触时，身体内部先向前滑动，这个动作不但有助于蛇爬行，而且是它能够攀缘树木的原因。如果把蛇放在光滑的地板上，它就"寸步难行"了。

棘蜥 用皮肤来喝水

文/流念珠

　　澳大利亚中部和南部的沙漠及其他干旱地区生长着一种名叫棘蜥的蜥蜴，它个头不大，却是一个生存赢家，千百年来一直生活在沙漠里。

　　沙漠是大多数生命的生存绝境，但棘蜥能活下来，这是为何呢？原来，棘蜥的身体构造很奇特，它是用皮肤来喝水的。棘蜥浑身长满仙人掌针叶一样的尖刺，皮肤被重叠的尖刺之间微小的凹槽覆盖，形成了喝水的吸管网。这些构造可以使棘蜥利用毛细血管从身体的任何部分吸收水。

　　棘蜥在沙漠里发现水坑时，会将整个身子陷在里面。一般来说，水分会从棘蜥的脚引入，通过皮肤进入它们的嘴巴。大约过10秒钟，棘蜥就开始开合它们的嘴巴，那就表示它们在喝水了。喝水时，它们会静止不动，同时在一小时里有规律地不断开合嘴巴2500次。

　　水坑很少会在棘蜥的栖息地沙漠出现，但棘蜥丝毫不担心没水喝。晚上温度下降之后，露水会在沙漠中自然形成。此时，聪明的棘蜥会钻进潮湿的沙堆，利用它们的皮肤快速吸收沙堆里的水分。

除了跳进水坑、钻进沙堆里吸水，棘蜥还能接到草叶上滚下来的露珠，以及下雨时滴落的雨水。也就是说，沙漠里的水分，哪怕只有一丝，棘蜥也有办法获取到。

在最恶劣的沙漠环境里，只要利用好自身的特点，就能游刃有余地去应对缺水问题。这就是棘蜥的生存之道。

大熊猫
最喜欢做什么
文/佚 名

　　《疯狂动物城》中的三趾树懒"闪电"的慢性子让人忍俊不禁，熊猫跟这种行动缓慢、代谢率极低的动物差不多，也是不爱活动、行动迟缓的典型代表，熊猫每天只会消耗1100卡路里的热量。大部分时间里，熊猫都在干什么呢？

　　答案就是吃和睡。每天，熊猫会花大约14个小时吃掉12.5千克的竹子，剩下的时间除了少量的活动都在睡觉，在每两次进食中间，它们都会睡2～4个小时，睡醒了接着吃。然而，大熊猫这样做也是有原因的。

　　大熊猫的祖先是食肉动物，只是在漫长的进化过程中，由于竹子更容易获得，其饮食才逐渐以竹子为主，但它们的消化系统并没有太大改变，仍旧与肉食类动物一样：消化道较短、犬齿锋利、没有盲肠。这就出现了一个问题：大熊猫的肠道缺乏分解纤维素的特定细菌，所以大熊猫从竹子纤维素中获取的热量比例很低，它们吃的竹子虽多，但只能消化其中的17％。为了获得营养，大熊猫只能通过不停地"吃"来弥补。

　　因此，在动物园中，当你看到熊猫宝宝蹲坐在地上，抱着一根竹子，旁若无人地啃得正香时，千万不要嘲笑它们是"吃货"。要知道，它们可是真正拿吃东西作为生命中最重要的事业呢！

一只大熊猫能活多久

　　大熊猫平均寿命只有25岁，相当于人类的75岁，如果是野外大熊猫，它的寿命仅有18～20岁，圈养的正常情况下可以超过30岁。据说熊猫家族里寿命最长的活到了37岁，相当于人类的100多岁。

海鸥为什么喜欢跟着轮船飞

文/蔺亚丁

伴着轮船飞行其实是海鸥的聪明之处，轮船在向前航行的时候会遇到阻力，阻力会产生强大的向上的气流，海鸥就跟在轮船的后面，借助这种强大的上升气流将身体托起来，不用拼命地拍打翅膀，也能够轻而易举地飞。这样看来，海鸥是不是很聪明，也很会偷懒呢？

除了借助轮船的气流飞翔，海鸥跟着轮船还能够饱餐一顿。轮船在航行的时候会激起很多水花，在水底栖息的小鱼、小虾会被破浪前进的轮船激起的浪花打得晕头转向，漂浮在水面上。海鸥是一种视力极佳的鸟，它可以很轻松地发现目标，然后轻而易举地把它们吃掉。

海鸥很喜欢跟着轮船飞，而人们也很喜欢海鸥的到来，这是为什么呢？

因为轮船航行的时候，经常会有航海者不熟悉水域环境而触礁、搁浅的事件发生，或因天气突然变化而发生的海难事故。那些有经验的海员在不知道前方是否安全的时候，第一时间都会寻找海鸥的身影。因为海鸥常常会在浅滩、岩石或暗礁上停靠休息。当轮船靠近，海鸥就会鸣叫，似乎是在向航海者发出提防撞礁的信号。除了上述原因，海鸥还有一个令人类望尘莫及的本领，它能够预见风暴。如果海鸥贴近海面飞行，那么近期将是万里无云的晴天。如果它们沿着海边徘徊，那么天气可能会逐渐变坏。如果海鸥远离水面高高飞翔，成群结队地从大海远处飞回海边，或者聚集在沙滩上或岩石缝里，则预示着暴风雨即将来临。

正是因为海鸥的这些本领，轮船上的人们才非常喜欢它，将它视为平安远航的吉祥物。

72

知识小拓展

空中强盗——贼鸥

　　有一种海鸥，什么东西都抢，被称为"空中强盗"，它就是贼鸥。贼鸥好吃懒做，习惯不劳而获，自己从来不垒窝筑巢，而是采取霸道手段，抢占其他鸟的巢，驱散其他鸟，有时，甚至穷凶极恶地从其他鸟、兽的口中抢夺食物。它们一旦填饱肚皮，就会蹲伏不动，消磨时光。

73

飞鸟会不会相撞

文/佚 名

　　人群有时会发生踩踏事件，但动物在成群结队行动时，即使遇到紧急情况，也不会因为惊慌失措而相互碰撞。这是为什么呢？

　　生物学家说，蚂蚁、鱼和鸟有能力在整个兽群里传递群体的身体动态信息。比如蚂蚁可以用信息素在蚁群内交流，通过简单的小范围互动形成复杂的分工合作模式。飞鸟也不例外。鸟群、鱼群或迁移的动物在突然行动时，领袖扮演着重要的角色，有些个体拥有往何处去的必要的信息，其他动物只

要跟着就行了。

　　另一种说法是，许多大型的鸟如天鹅和塘鹅以 V 字形或梯形编队飞行，这样既能提高飞行效率，又能避免碰撞——阻力能够降低65％，飞行距离可以提高70％，因为每一只鸟都处于前面一只鸟的翼尖涡流造成的上升气流中。只有头鸟得不到这种好处，但鸟群中的鸟会轮流当头鸟，来共同承担这种压力。

　　实际上，鸟群的梯形编队很少是完美的 V 字形，往往是 J 字形。但无论是哪种形状，都可以让所有的鸟获得对前面同类的最佳视野，以便与其保持安全的距离。飞行时，鸟群中的鸟之所以不会相互碰撞，是因为它们的视觉系统比人类的更发达，它们的新陈代谢和肌肉的反应速度也更快。

鸟蛋里的鸟宝宝
如何获得氧气
文/佚 名

　　自然界中，哺乳类动物的宝宝一出生就可以呼吸到新鲜的氧气，喝到甘甜的乳汁，那么蛋壳里的鸟宝宝在等待破蛋而出的漫长时间里，是如何与外界沟通的呢？

　　鸟是卵生动物，鸟蛋上没有任何可见的孔或者开口，里面完全与外界隔绝，那么它们是如何获得氧气等必需品，又是如何排出二氧化碳等代谢废物的呢？

　　这要从鸟蛋的结构说起，和鸡蛋一样，鸟蛋内部也有两层膜。刚生出来的鸟蛋比周围的空气更温暖，在自然条件下，它会逐渐冷却，这会使蛋内的膜略微收缩，与蛋内壁分开。这也会使蛋中的两层原本粘在一起的膜分开，两层膜之间形成一个充满氧气的"口袋"。还未孵出的鸟宝宝就是靠这个氧气袋来呼吸，然后将产生的二氧化碳排到氧气袋中。

　　但是，氧气袋中的氧气是有限的，这意味着氧气袋里的氧气用完之后，需要及时补充氧气。这就得靠鸟蛋蛋壳上的气孔了。通过气孔，二氧化碳排出，新鲜氧气进入蛋壳。这个过程不断循环，以维持鸟蛋中鸟宝宝的生命。

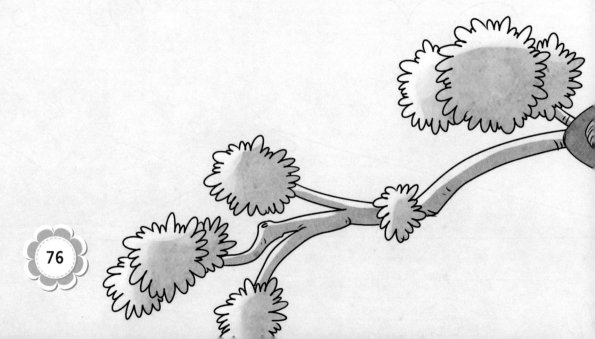

知识小拓展

鸟蛋为什么是椭圆形的

鸟蛋是椭圆形的是有其科学原理的。椭圆形的蛋之间间隙比较小，减少了热量散失，堆积起来既可以保暖，又可以充分利用鸟巢空间。椭圆形的鸟蛋还不会像圆形的东西到处滚动。

鹦鹉真的是"复读机"吗

文/佚 名

　　大家在电视上经常能看到鹦鹉学舌，甚至会简单地跟人对话，"你好。几点了？吃了没"等问候语张口就来。有意思的是，除了鹦鹉、八哥等少数鸟类，其他绝大多数鸟类都不具备这个能力。很多人都很好奇为什么鹦鹉会学人说话。

　　鹦鹉有跟人类舌头相似的多肉厚舌头，并且鹦鹉的舌尖不同于其他鸟类，而是像人类的舌头一样是圆舌尖。与八哥相比，鹦鹉甚至不需要剪舌，只需要驯养人捻舌就行了。另外鹦鹉的口腔比较大。还有，鸟类在咽喉部位都有鸣管，这让大多数鸟都能鸣叫出升降调，甚至能有多达30多种声调。鹦鹉的鸣管不同于一般鸟类，它们的鸣管有个部位非常薄，像薄膜一样，所以，靠着周围发达的肌肉收缩放松，就很容易发出声音。

　　鹦鹉学舌其实只是简单地模仿人类的声音而已，它们并不能聪明到了解话语的意思。但最近美国的科学家研究发现，鹦鹉说话可能不仅仅是依靠它们得天独厚的生理构造，更是依靠它们那独特的大脑。鹦鹉的语言能力十分突出，能以类似4～6岁小孩的熟练程度，从事某种语言处理任务。鹦鹉似乎能掌握"相同"与"不同"、"大"与"小"、"有"与"没有"等概念。

鹦鹉的爪子很灵敏

鹦鹉的爪子非常灵敏，内部有骨头，而且能灵活操纵物件，就像人类的手指头一样。它们也是唯一可以使用自己的爪子把食物拿起并放进嘴巴吃的鸟，还有左右撇子之分。

河马是游泳高手吗

文/佚名

河马基本生活在水里，河流是它最理想的栖息地，从早晨到傍晚，它一直泡在水里，只有在夜幕降临之后，它才会爬上岸来，到草地上觅食，天一亮，就返回河里。

照理说，河马天天生活在水里，那无疑就是游泳高手了。然而，令人惊讶的是，它不会游泳。因此，别看它常年离不开河流，却从不敢涉足过深的水域，只有将脚踩在河底，它才觉得踏实、安全。

当河马在水里休息时，若从岸上看去，好像它的整个躯体和头部都浸泡于水中，样子很是安逸自在，但也免不了让人担心，禁不住要问，河马既然不会游泳，将头部全都埋进水里，怎么呼吸呢？其实，大可不必担心。殊不知，河马的呼吸器官——鼻子、眼睛、耳朵都长在面部的上端，几乎成一平面，即使整个头部都进入水中，只要露出鼻、眼、耳，就可以呼吸和观察周围动静。

河马虽然不会游泳，可潜水能力超强。平时它一旦遇到危险情况，就一个猛子扎到水下，屏住呼吸，一次可以坚持6分钟，这足以让它等到险情解除。

河马是运动健将

　　只要是短跑，河马可以不费吹灰之力击败地球上跑得最快的运动健将。河马跑起来的时速可达30公里。不过，因为身躯庞大，加上皮肤水分极易蒸发流失，河马一离开水，皮肤就会皲裂，所以河马在陆地上的耐力很差。

蜜蜂会随意蜇人吗

文/佚 名

大家都知道蜜蜂会蜇人，因此很怕蜜蜂。其实，不是万不得已的情况，蜜蜂是不会蜇人的，因为蜜蜂蜇人以后，自己也要死去。

蜜蜂蜇人后为什么会死去呢？因为蜜蜂是用腹部末端的针刺蜇人的，这种针刺由一根背刺针和两根腹刺针组成，它的后面连着大、小毒腺和内脏器官，腹刺针尖端有好几个小倒钩；当蜜蜂的刺针蜇入人的皮肤后，再拔出刺针时，由于小倒钩牢牢地钩住了皮肤，刺针就会连同内脏一起被拉出来。所以，蜜蜂一般是不会随意蜇人的。

不过，蜜蜂不喜欢黑色，也不喜欢酒、葱、蒜等特殊气味。当人们穿着黑色衣服，或者身上带有酒、葱、蒜等特殊气味接近蜜蜂时，就有挨蜇的危险。另外，蜜蜂和其他生物一样有自卫的本能，如果我们去扑打它，也可能被蜇。所以，虽然蜜蜂不会随意蜇人，如果碰到它，还是离远一点儿为好。

蜜蜂怎样酿蜜

　　蜜蜂先把采来的花朵甜汁吐到一个空的蜂房中，到了晚上，再把甜汁吸到自己的蜜胃里进行调制，然后吐出来，再吞进去，如此轮番吞吞吐吐，要进行100～240次，最后才酿成香甜的蜂蜜。

兔子尾巴为什么那么短

文/佚　名

兔子是天生的弱者，它的本领都与逃命有关，比如奔跑和打洞。它几乎没有什么攻击力，为了不成为其他动物的盘中餐，它只能选择让自己进化得越来越灵活，把一切累赘都抛弃，这其中就包括长尾巴。与马等大型动物不同，兔子如果有了长尾巴，灵活度会下降。而且兔子生活在洞穴里，自有挡风保暖的住所，不需要把尾巴像被子一样盖在身上，所以自然没有进化出大尾巴。

兔子眼睛是红色的吗

　　兔子的眼睛呈圆形，长在脸的两侧，视野十分开阔。兔子眼睛的颜色与它们体内所含的色素有关系，有黑色、灰色、蓝色等。白兔体内没有黑、蓝等色素，它的眼睛原本是透明的。不过由于其眼睛里的毛细血管是红色的，所以它透明的眼睛看上去就是红色的了。但不是所有的兔子眼睛都是红的。因为品种不同，兔子体内所含的色素不一样，所以眼睛也会呈现出灰色、黑色、蓝色等，甚至有些兔子两只眼睛的颜色还不一样呢！

鸵鸟害怕时会把头埋进沙子里吗

文/佚 名

鸵鸟在遇到危险时，会表现出许多自然防御的行为，这其中就包括快速奔跑。但为什么我们认为它很胆小、下一秒就要把头埋进沙子里，而不是要去战斗的动物呢？

大家都以为，当鸵鸟受到惊吓的时候，会本能地把头埋在沙子里，希望麻烦能快点过去——或者自欺欺人地觉得麻烦已经过去了。但在现实中，鸵鸟并不会把头埋进沙子里以躲避危险。当它把头埋在沙子里时，根本不能呼吸。

在这世界上，鸵鸟是拥有两条腿的动物中跑得最快的，它想要摆脱麻烦的时候，可以在短时间内以40英里/时（约64千米/时）的速度奔跑。那么，它把脑袋埋在沙子里的传言又是从哪里来的呢？

其实这是一种亲子互动的方式。当鸵鸟拥有自己的家庭时，会挖一个大

洞，然后把生下的蛋安全地埋在地下，鸵鸟妈妈和爸爸轮流坐在蛋上保护。在这段时间里，鸵鸟父母每天都会好几次把头探到地下，用喙轻轻转动鸵鸟蛋，这也许就是产生"鸵鸟将头埋进沙子"传闻的来源。

大象可以跳吗

文/佚 名

　　大象拥有很多令人羡慕的能力：它们的嗅觉极佳，很少得癌症，并且拥有复杂的社会生活。但是，它们不能跳起来。有人猜测，这是因为它们体重过重，或者是由于害怕摔跤……真正的原因是什么呢？

　　目前，最合理的解释是这种动物的体重太重了，同时它们相对无力的腿部肌肉和不那么灵活的脚踝也是部分原因。动物想要做出跳跃动作，需要有灵活的脚踝、强韧的肌腱和足够有力的小腿肌肉，而大象的小腿肌肉非常羸弱，它们的脚踝也不灵活。

大象的鼻子为什么那么长

　　随着环境的变化及自身适应环境的需要，大象的身躯越来越大，这也导致大象的嘴和地面上生长的草的距离越来越大。再加上大象的身体灵活性不够，活动起来十分不方便，为了弥补这些不足，大象的鼻子慢慢进化成了今天这个样子。

狗也会看电视

文/佚 名

在家里，经常能看到狗依偎在主人身旁，一起看电视的其乐融融的场景，狗真的能看懂电视吗？

狗会不会被画面吸引有很多影响因素，不过最关键的还是它们的视力。狗的闪光感知能力比人类好。这也解答了一个常见的问题：为什么大多数的狗对电视都没有兴趣，就算电视上出现其他同类也一样？原因在于，一般电视荧幕上的画面每秒更新60次，高于人类55赫兹的闪烁感知能力，在人类眼中是连续不断的影像，流畅地结合在一起。可是，狗可以看到75赫兹的闪烁，电视上的画面对狗来说看起来较不真实。

虽然如此，如果画面够有趣，有些狗似乎也不管画面闪不闪烁，还是会对荧幕上出现的其他同类、改变的影像有反应。有时候狗之所以会和我们一起看电视，也可能只是被电视中的某些声音吸引。

狗是如何喝水的

狗狗喝水很多人以为是靠舌头沾一点，其实不是的，它们都是靠舌头卷起水喝的。

斑马是黑斑白马
还是白斑黑马

文/佚名

斑马身上黑白相间的斑纹很特别，不过它们究竟是黑斑还是白斑呢？如果想追根溯源，确定黑白两色"孰先孰后"，就要到斑马妈妈的肚子里去看看。斑马胚胎在发育的过程中，先长出黑色的外表，而后，这黑色的外表再逐渐发育，成为黑白相间的样子，这个来自胚胎学的证据告诉我们：斑马是黑皮白斑。

别小看这简单的黑白斑纹，它还有四大优势呢！

首先，斑纹利于斑马隐藏自己。斑马的主要天敌狮子是色盲。当一群斑马聚在一起时，狮子只能看到深浅相间的一片灰色，很难分辨出哪里是斑马的头，哪里是腿，会感到无从下嘴。

其次，每一匹斑马的斑纹都是独一无二的，就像货架上商品的条形码。而斑马的眼睛就是"扫描仪"，只要扫上一眼，就能辨别出对面跑来的斑马。

再次，斑纹能帮助斑马降温。斑马身上的黑条纹吸热，温度高；白条纹反光，温度低。温度高的地方和温度低的地方热量会相互流动，形成对流。在斑马的身上，仿佛安装了千百个小风扇，凉快得很。

最后，斑纹还能帮助斑马驱赶蚊虫。研究人员曾制作了四种不同颜色的，与真马等大的黏土模型，在模型上面涂抹了昆虫胶，每隔两天数一下粘在不同模型上的马蝇数量。结果发现斑马纹模型吸引的马蝇数量是最少的。

黑皮白斑是斑马根据环境和自身特点进化出的"最佳着装"。

大象有超强的记忆力

文/佚 名

你能够记住100多个人的不同的声音吗？哪怕是在分开几年以后，你还能清楚地辨别出他们的声音吗？你不可以，但大象可以。

科学家通过研究证明，大象拥有惊人的持久记忆力。非洲母象用低频的呼声确认同伴，并以此组成一个复杂的社群网络。如果听到不熟悉的声音，它们要么不予理睬，要么会小心戒备，有时还会勃然大怒。如果是曾经熟悉的声音，哪怕已经两年没有听到了，它们的反应也会截然不同。科学家曾把一头死去两年的大象的声音放给其家庭成员听，它们依然会回应，并且会靠近声源寻找它。

大象也会被晒伤

大象的皮肤有3厘米左右厚，但是对阳光很敏感。大象喜欢在泥里洗澡，它们把身上沾满泥和土，这些泥土像防晒霜一样，能够保护它们的皮肤。

把蛇放进冰箱，它会冬眠吗

文/佚 名

大家都知道天气冷了蛇会冬眠，可如果把蛇放进冰箱，它还会冬眠吗？

冬眠不是几个小时就能开始的，需要一个过程，随着天气慢慢变凉，蛇的体温也逐渐降低，最后才进入冬眠。蛇醒来也是因为体温逐渐恢复，而不是瞬间上升。

多数蛇把冬眠地点选择在背风向阳、干燥的山坡或土丘上。蛇大多不会自己打洞，而是利用岩石的缝穴、乱石窖、古墓及啮齿类动物的洞穴进行冬眠。为了成功地进行冬眠，穴居蛇类和一些具有钻洞习性的蛇类能把洞扩展得更深。

蛇在冬眠时喜欢群居。一个洞穴内的蛇少则三五条，多则几十条甚至上百条。有时几种蛇会混居在一个洞穴内。这种群居行为有一个明显的好处，那就是许多蛇挤在一起暴露出的表面积，会比它们单独冬眠暴露的少，因此它们能将体内的热量保存得更多。蛇类群居可使体温升高1℃～3℃。

简单来说，蛇喜欢干燥、温暖的洞穴居住，并喜欢群居以提高温度来进入冬眠状态，在冰箱里虽然温度低，但找不到适宜冬眠的场所，蛇只能被活活冻死！

蛇有牙齿吗

养蛇的人都知道，蛇有两颗尖尖的牙齿，这两颗牙齿就是蛇的主要攻击武器，一旦蛇跟其他动物进行搏击，都是用牙齿咬。有毒的蛇的牙齿带有毒液，没毒的蛇的牙齿没有毒液。我们平时所谓的蛇有毒，指的是蛇的牙齿，并不是蛇本身。蛇本身是没毒的，拔了牙齿的毒蛇也是没有杀伤力的。

蚊子爱叮什么人

文/佚 名

你有没有过这样的烦恼：睡得正香时，有种动物会在你耳旁嗡嗡作响，或者突然在你的胳膊或腿上狠狠咬上一口，更可怕的是，它还会携带病原体传播传染病。没错，它就是蚊子。

据说O型血的人最遭殃，蚊子只愿意围着他们转。有人曾做过这样的实验：搬一只装满蚊子的箱子，再找来102个不同血型的人。这些人要做什么呢？很简单，把光溜溜的手臂伸进箱子里，给蚊子咬。10分钟后，蚊子吃到脑满肠肥，再把它们拍死，然后检验它们肚子里的血液，结果发现，O型血最多。当年，这一实验上了大名鼎鼎的《自然》杂志，于是，蚊子爱O型血的说

法就传开了。可实际上，O型血真的就是蚊子的最爱吗？后来，各路科学家纷纷做实验，有的发现A型血更具诱惑；有的又说，跟血型无关，啥血型都一样，众说纷纭，无一定论。

最新研究表明，蚊子爱叮什么人，主要是看人体向蚊子发出的"信号"的强弱，强烈的"信号"通过空气传播，能够引导蚊子便捷地找到"食物"。温度、光线、声音和气味是影响蚊子吸血的四大因素，在蚊子的触角上有着非常敏锐的"接收器"，能够探测人类的气味，从而根据气味找到猎物。另外，公蚊子一般不吸血，吸血的都是母蚊子，因为它们要为产卵补充营养。

飞蛾怎么吃东西

文/佚 名

有的飞蛾在发育为成虫后，口器会退化，变成针管式，不能吃任何东西。那么，它们是怎么活下来的？

飞蛾是蝴蝶的姊妹，其成虫与幼虫的食物和进食方式是不一样的，成年飞蛾存活的能量来自幼年时作为蚕宝宝的能量积累。蚕宝宝的生活方式是吃了拉，拉了睡，睡了吃……结茧以后变成了飞蛾，它们就不再吃东西，要不停地产卵，完成一生的最后一项工作。

飞蛾爱吃眼泪

飞蛾可以在不吵醒鸟儿的情况下，吸食它们的眼泪。科学家曾经在马达加斯加拍到不可思议的一幕，熟睡的鸟儿眼角分泌出泪水，飞蛾落在它的背上悄悄吸食。科学家认为这是因为当地缺少钠元素，飞蛾只能通过这样的方法补充。

豚鼠睡觉
真的不闭眼吗

文/佚名

　　相信养过豚鼠的人都对这样的场景熟悉不过：比起一天到晚追着大太阳打哈欠的猫主子、在主人身边打瞌睡的汪星人而言，自家这只豚鼠宝贝好像从来不会打瞌睡。无论你什么时候去看它，对方都会睁着圆溜溜的眼睛盯着你，即使是缩在一角时，也还睁着滴溜溜的大眼睛。似乎没怎么见过它闭眼睛，难道豚鼠天赋异禀，天生不睡觉吗？

　　豚鼠睡觉时其实是闭着眼睛的，但由于处于食物链底层，世代作为食肉动物一份开胃小菜的它逐渐有了灵敏的听力，常年朝不保夕的生活让这个小东西警惕性非常高，一有风吹草动就会立刻惊醒。所以你看到的时候它都是睁着眼的。

老鼠为什么喜欢咬东西

老鼠的门牙内的牙髓不但终生存在，而且终生生长不止。为了避免门牙长得太长碍事儿，老鼠必须经常咬坚硬的物体来磨一磨门牙，让它不影响吃东西。

长颈鹿 用脖子来打架

文/佚 名

在我们的印象中，长颈鹿性格温驯，属于群居动物，不会到处惹是生非，是惹人喜爱的动物。

可是你们有没有见过或想象过长颈鹿打架的场景？长颈鹿打架的第一招就是摇头甩脖子，先把全身的力气集中在头和脖子处，然后等待时机，一旦酝酿到位，便狠狠地甩出脖子，重重地砸在对方的肚子上。长颈鹿打架时相互碰撞的声音也很惊人，一般打斗两个回合，就有长颈鹿倒地，重者当场身亡。

长颈鹿的第二招就是它的"飞腿"，虽然这一招的杀伤力没有第一招那么强，但实力也是不容小觑的。长颈鹿在使用这招时先稳定好自己的身体，然后以最快的速度狠狠地踹出去，一举击中对方的要害，如果说第一招用的是力量，那这一招考验的就是出腿速度和耐力，体力好、速度快的长颈鹿一般会占据上风。

　　看完这些，你是不是在脑补长颈鹿打架的画面呢？虽然长颈鹿打斗的场景会让人觉得残酷，但在动物世界里一直都秉承着弱肉强食、你争我夺的生存法则。

知识小拓展

长颈鹿天生是"高血压患者"

　　长颈鹿的血压大约是成年人的3倍。不过，人家血压高不是病。它们的身高要求它们要拥有比普通动物更高的血压，才能将血液从心脏输送到大脑。

蛛丝不是吐出来的

文/佚 名

蛛丝是蜘蛛赖以为生的"法宝"，看起来十分纤细，但其机械性能超乎寻常，它是人们迄今所知道的最结实的天然纤维，素有"生物钢"之称。但是如此强悍的蛛丝并不是蜘蛛从嘴中"吐"出来的，而是由蜘蛛腹部的纺丝器"纺"出来的。

蜘蛛的腺体内储存着丝液，当它打算结网时，丝液就会通过S形纺丝管流出体外，在这个过程中，丝液会发生一系列物理和化学反应。聪明的蜘蛛首先会将丝液粘到一个固定物上，通过急速移动身体，将丝液拉成丝线。也就是说，蛛丝并不是"吐"出来的，而是"拉"出来的！

蜘蛛并不是昆虫

虽然蜘蛛也是节肢动物，但它和蝎子、蜈蚣一样，因为没有触角，被踢出了昆虫王国。最新的调查显示，全球蜘蛛一年的食量最多高达8亿吨。科学家假设，如果蜘蛛改吃人类，人类会在短短一年内灭绝。

小鸟在高空飞翔为何不缺氧

文/佚 名

对于人类而言，如果平时生活在平原地区，突然到了高原地区，会特别不适应，可能出现呼吸急促、头晕等情况。

但即使在阿尔卑斯山脉的顶峰一带，也有鸟展翅飞翔。如果是大型鸟，它们可以飞到更高的地方，有的鸟可以飞越喜马拉雅山脉。如果是普通人的话，爬到喜马拉雅山顶可能会引发高山病，那么鸟就没有高山病吗？

当然，即使是鸟，活动的时候也需要充足的氧气。鸟之所以在空气稀薄的地方也能够泰然处之，是因为体内有储存氧气的构造。在鸟的身体里面，除了肺以外，还有一个叫作"气囊"的储存氧气（空气）的袋子。鸟呼吸的时候，氧气不光进入肺部，还会进入气囊，吐气的时候，保存在气囊里的空气就可以跑到肺部。也就是说，不管呼气还是吸气，鸟的肺部一直有氧气供给，所以即使在高空也能吸入充足的氧气。

体形最大的鸟

　　世界上体形最大的鸟是生活在非洲的非洲鸵鸟，它高达2米~2.5米，体重56千克左右，最重的可达75千克。但它不能飞。它的卵重约1.5千克，长约17.8厘米，相当于30~40个鸡蛋的总重量，是现今最大的鸟卵。

鲱鱼靠放屁交流信息

文/佚 名

在动物界中，斑马不能自己单独睡觉，小猪永远都看不到天空，而鲱鱼居然要通过放屁这种尴尬的形式进行交流。

研究人员对一缸鲱鱼进行过奇怪的测试。他们架设好红外水下摄像机，然后盯着鲱鱼直到深夜，在黑暗中守了几小时，监视着气流测试仪，终于，他们拍到了鲱鱼放屁的录像。

鲱鱼为什么放屁？研究人员把注意力转向了鳔——这是鲱鱼用来调节浮力的器官。白天，鲱鱼群聚在深水中。到了晚上，它们会游向水面，吸入空气，重新让鳔里充满气。或许，鲱鱼把鳔当作水底的放屁袋了。

研究人员录到的鲱鱼的放屁次数跟鱼缸里鱼的数量成正比。鲱鱼越多，平均每条鱼放屁的次数就越多。它们只在聚集时才发出放屁的声音，因此研究人员认为鲱鱼放屁具有某种沟通功能。

臭鲱鱼是瑞典人的最爱

　　臭不可闻的鲱鱼罐头，是瑞典人的最爱，并且已经作为一种瑞典文化符号被推荐。每年夏天，短短两个月内瑞典人就能吃掉数以百万计的鲱鱼罐头。凡是到瑞典旅游的人，都会无一例外地被邀请品尝"臭鲱鱼"。

考拉 从来不喝水吗

文/佚 名

考拉是澳大利亚特有的动物。这种小动物生活在树上，它有一个与"众"不同的特点，就是一生都不怎么喝水。"考拉"这个词在澳大利亚土语里就是"不喝水"的意思。

那么，它真的不喝水吗？

没错，考拉的确可以几个月滴水不进，有的考拉甚至可以一辈子不喝水。它以桉树叶子为生，对它来说，桉树叶子里面的水分已经绰绰有余了。因此，考拉只生活在有桉树生长的地方，并且对桉树叶非常挑剔。澳大利亚有600多种桉树，考拉只吃生长在澳大利亚东部的35种桉树叶。有些考拉甚至只吃两三种桉树叶。

不过，研究人员最近发现，因为气候变化，桉树叶中所能集聚的水分减少，导致考拉开始狂喝水，这在之前是不可思议的。

小考拉爱吃便便

小考拉22周龄~30周龄时，母考拉会从盲肠中排出一种半流质的软质食物让小考拉采食。这种食物非常重要，不但非常柔软，易于小考拉采食，而且营养丰富，含有较多水分和微生物，易于消化和吸收。这种食物将伴随着小考拉度过从母乳到可以完全采食桉树叶为止这段重要的过渡时期。

蚕为什么爱吃桑叶

文/佚名

桑树是高大的乔木，叶子长得又大又茂盛，地球上有许多昆虫寄生在桑树上，有的吃树根，有的吃树枝，有的吃叶芽，有的吃叶片，蚕就是一种吃桑树叶片的昆虫。

桑叶中除了含有对蚕有吸引力的引诱物质，还含有帮助蚕吞咽桑叶的吞咽物质，并且有激发蚕咀嚼行为的味觉物质，当上述三种物质和营养都具备时，蚕吃后才能繁衍后代。

如果把枫叶、银杏叶还有桑叶放在一起，让蚕自己去吃，为什么蚕一开始就能爬到桑叶上面吃起来？原来蚕是靠它的嗅觉和味觉器官来辨认桑叶气味的，如果破坏了这些嗅觉和味觉器官，它就无法辨别桑叶的气味。

蚕为什么最爱吃桑叶呢？这是因为蚕以桑叶为食的时间最多，又因为一代一代地在桑树上繁殖，逐渐形成了吃桑叶的特性。

青蛙 吞食时要眨眼

文/方 洲

青蛙是捕食昆虫的高手，也是人类的好朋友，它们常栖息在河流、池塘和稻田等地方，主要在水边的草丛中活动，有时也能潜伏到水中。青蛙大多在夜间活动，以昆虫为主食。青蛙捕食的时候，会蹲坐在池塘边上一动不动，目不转睛地盯着迎面飞来的各种小虫子。

忽然，青蛙像一支离弦的箭般腾身跃起，鞭子一样的舌头伸出口外，把虫子吃到嘴里，这一动作总是百发百中。更有趣的是，如果你认真观察就会发现，青蛙每次吞咽时会眨眼睛；吞咽的食物越大，眨眼睛的次数越多，直到将这些食物全部吞下去为止。这到底是为什么呢？

原来，青蛙有一张宽大的嘴巴，它用长长的舌头将飞虫粘住后，再送进嘴里。青蛙没有牙齿，只可以"囫囵吞枣"，把整个食物吞下肚。它的眼眶底部也没有骨头，眼球与口腔之间只隔着一层薄薄的膜。每次吞咽食物时，青蛙的眼肌会收缩，产生眨眼的动作；与此同时，眼球向着口腔突出，形成一种压力，将食物推进食道。这样，每当青蛙吞食时，它就不得不眨眼睛了。

温水煮青蛙可信吗

　　将青蛙放在温水中慢慢煮，青蛙就不会跳出来了吗？当然不是，青蛙还不至于蠢到这种地步，当水达到一定温度时，青蛙便会拼了命地跳出。

遇上传染病，动物怎么办

文/楚云汐

我们知道，能够感染人类的传染病非常多，比如流行性感冒、疟疾，以及狂犬病等。显然，人类并不是自然界受传染病困扰的唯一物种，动物同样会染上传染病。这并不意味着动物们束手无策，虽然没有药和疫苗，但它们也进化出了对付传染病的独特方法，这对于那些群居动物来说尤为重要。

找个"医生"来治病

鲑鱼，亦称"鲑鳟鱼"，它们成群结队地生活，彼此之间经常会亲密接触，所以，一旦发生传染病，疾病就会迅速在鱼群里蔓延开来，如海虱病等。感染海虱的鲑鱼不久后便会出现表皮失血等症状，一些鲑鱼因此而死，但另一些鲑鱼因为得到及时的"医治"，而逃过了一场灾难。贝氏隆头鱼就是鲑鱼群里著名的"医生"。这些喜爱吃大鱼身上死皮的鱼，会把附着在鲑鱼身上的虱子吃掉。于是，虱子成了小鱼的美食，大鱼也因此重新获得健康。

将传染者隔离起来

同鲑鱼相比，蚂蚁是更典型的群居动物，虽然没有小鱼那种"医生"，但它们更需要对付传染病。

118

在处理感染体上，蚁群表现得像一个超级个体，非常有"社会责任感"：为了保证整个蚁群的健康，如果蚁群里有一只蚂蚁因感染某种真菌疾病而死，其他蚂蚁就会合力把它的尸体运到离蚁巢很远的地方，再用土把它掩埋起来。而且有趣的是，当环境出现变化的时候，蚂蚁还会根据环境采取不同的应对措施。

如果把一群红蚂蚁放在有限的空间里，剥夺它们走出蚁巢的自由，再放入一只被感染的蚂蚁，你会发现，蚂蚁"侦查员"在发现这只被感染的蚂蚁后，很快便召集同伴把它挪到蚁巢的角落，然后把蚂蚁卵移到离"病员"最远的地方。放置感染蚂蚁的地方俨然成了一块禁地。研究者发现，将被感染的个体移得越远，蚁群就会越健康。

治病靠自己

对于动物来说，自我治疗的能力是非常重要的，因为只有这样，它们才能顺利生存下去。科学家发现，小鼠生病，或是吃了有毒的东西，会主动去寻找一种黏土。这是一种具有药用价值的黏土，能吸附毒素、减轻毒性。黑猩猩、熊和鹅在被寄生虫寄生时，会吃一些有驱虫作用的树叶；而牛则会以毒攻毒，吃点儿含有细菌的黏土，让自己腹泻，这样便成功甩掉了寄生虫。

人类会生病，动物也不例外，正是凭借这些独特的治疗方式，即使没有医术高超的"医生"，动物也能在大自然中健康地生活下去。

第三章

植物们的另类故事

动物王国里的成员各怀绝技，让人看得眼花缭乱，但与它们同时存在的，看似沉默的植物世界，也有着许多不为人知的另类故事，如植物为什么在清晨冒汗？昙花为何只能"一现"？巨杉为什么不怕火？这些另类故事，我们一起走近去看！

植物爱在早晨 "冒汗" 吗

文/王筠华

　　清晨，正是天气凉爽、空气清新的时刻，但如果你仔细观察，就会发现一种奇妙的现象：许多植物，如栎树、苦楝树、黄果树等高大的乔木，水稻、高粱、玉米等禾本农作物，西红柿、辣椒等蔬菜，夏士莲、滴水观音等观赏植物，它们均 "怕热"，所以经常能看到它们从叶尖或叶缘淌下一滴滴 "汗珠"。这些 "汗珠" 在阳光下一闪一闪，犹如夜空中的群星。植物们 "挥汗如雨"，第一滴汗从叶上掉下后，叶尖马上又形成第二滴，然后第三滴、第四滴，滴滴答答地掉个不停。

　　许多人会问："这难道不是露珠吗？" 其实不然，露珠是指凝结在地面及地上植物叶片或茎表面的水珠，通常在晴朗少风的夜晚出现。而那些植物叶子上冒出来的 "汗珠"，旧的掉落后马上又会冒出新的，如此反复，显然不是露珠。况且，露珠的水滴很小，一般形成于叶片的表面，不会从叶尖滴落。这些水滴是从植物体内流出来的 "汗珠"。

　　科学家为此做了实验，发现这些 "汗水" 中含有少量无机盐和其他物

质，就跟人类的汗水一样。人在热的时候冒汗，那么，植物为什么会在凉爽的清晨反其道而行，汗如雨下呢？

原来，通过植物根部大量吸收的水分，是需要排出的。白天，植物在阳光下进行光合作用，叶面上的气孔张开，大量水分通过气孔蒸发，所以人们的肉眼看不到它的"汗珠"。到了晚上，气孔"打烊"，根部仍源源不断地吸收水分，导致植物体内的水分过剩，进而只能寻找新的出口。于是，叶尖、叶缘上的"水孔"就成了它们的"闸口"。

科学家把植物"出汗"称为"吐水"。植物"吐水"越多，吸收的水分和养分就越多，根系也就越发达。

柳树的枝叶为什么向下生长

文/佚 名

说起柳树，相信很多朋友都会想起它随风飘逸的枝叶，柔美婆娑的身姿。但是，有一个问题也会随之而来：那么多树的枝叶都向上生长，为什么柳树的枝叶却向下生长呢？

其实，不管朝哪个方向生长，植物枝叶的主要作用都是吸收阳光。要吸收足够多的阳光，一方面需要舒展自己的枝叶，另一方面最好不要被其他植物遮盖。于是，出现了一个有趣的现象：所有植物都拼命向上生长，努力比竞争对手高一头。

如果你注意观察，就会发现，即便是垂柳的主干也是向上生长的，只是因为某些小的枝条弯了下来，造成了柳枝叶子向下生长的错觉。那么，为什么垂柳的枝条会弯下来呢？

这是因为垂柳的原生地通常在水边，一般没有高大的树木与它们竞争，所以，这样的生长方式并不影响其吸收阳光。另外，枝叶下垂有助于降低树冠的重心，而在河岸松软的土壤中，这种降低重心的做法有助于垂柳在风中屹立不倒。更有意思的是，即便是垂柳下垂的柳条，仍然记得哪边是枝条的尖端，哪边是连接主干的位置。当把这些柳条截断放在相对潮湿的环境中时，无论怎么颠倒，总是从连接主干那一侧生根。所以，柳树的枝叶即使垂下来，也会记住自己的生长方向。

植物的自卫武器 文/王春华

科学家发现，武器并非人类的专利，在植物界，某些植物为了保护自己，也有自己的秘密武器。

地雷菜： 在德国北部的原始森林中，生长着一种叫作马勃菌的植物。马勃菌看上去像一个地雷，成熟后，它的内部充满一种特殊的气体。如果动物想采食它，它就会像地雷一样炸开。马勃菌爆炸时，还散发出一种具有强烈刺激性的气体，动物的眼睛受到气体的刺激后，会长时间不舒服。

炮弹瓜： 在加拿大南部有一种叫炮弹瓜的植物，它成熟后，身体内部充满浆液。炮弹瓜一旦受到碰撞，浆液和种子就像炮弹一样，"嘭"的一声射出。如果动物偷食这种瓜，往往会被"炮弹"击中，非死即伤。

箭树： 在非洲中部的森林中，有一种长着坚硬、锐利叶刺的树——箭树。箭树的叶刺中含有剧毒，动物被它刺中，会很快死去。有趣的是，当地的人常用箭树制成箭头和飞镖，用来猎获野兽、抗击敌人。

炸弹树： 在南美洲生长着一种沙箱树，成年的沙箱树上结满了果实。这些果实就像定时炸弹一样，一碰就会爆炸，发出巨响，爆炸力相当于一枚小型手榴弹。爆炸时，它的外壳碎片像弹片一样飞散开来，杀伤力很大。

知识小拓展

昙花和仙人掌原来是"近亲"

昙花和仙人掌这两种植物看起来似乎没有什么关系，但其实同是仙人掌科植物，所以说它们是近亲。

127

沙漠植物
生存挑战 文/佚名

与能跑会跳的动物相比，沙漠中植物的生存显得更为艰难。但总有些坚强的勇士进化出了适合沙漠环境的生存方式。

怪柳：为了吸取沙土中那点儿可怜的水分，怪柳只好向四面八方伸出根须。它的主根可以钻到沙土里三米半深，水平根可伸展到二三十米以外。这样强大而开展的根系，让水分无处可逃！

梭梭：梭梭以流沙为家，扎根沙丘。梭梭根系发达，一般主根深达两米多，最深者可达五米以下的地下水层。为了减少水分的蒸发，梭梭的叶退化成小鳞片状，叶子的表面还包着一层蜡质的东西，可以保护体内的水分不被蒸发。

仙人掌：当沙漠处于旱季时，仙人掌便采取休眠战略。当雨季来临时，它们会抓住一切机会，使劲吸收水分，重新生长。它们的叶子变成

细长的刺或白毛，以减弱强烈阳光的危害，减少水分蒸发，同时，可以使湿气不断积聚凝成水珠，滴到地面，被分布得很浅的根系吸收。仙人掌的茎粗大肥厚，具有棱肋。它们的身体能伸缩自如，体内水分多时能迅速膨大，干旱缺水时能够向内收缩，这既保护了植株表皮，又有散热降温的作用。

胡杨：沙漠中最美丽的景色，得数胡杨林了。胡杨是荒漠沙地唯一能成林的树种。它树高可达三十米，能从根部萌生幼苗，能忍受荒漠中的干旱。胡杨的根可以扎到地下十米深处吸收水分。

箭袋树：非洲纳米比亚沙漠的南缘，几乎不下雨，箭袋树却能够在这里生长。箭袋树的树枝上覆盖着一层明亮的白色粉末以反射阳光，叶片有一层厚厚的外皮，皮孔的数目极少，将因蒸发而散失的水分降到最低限度。想要生存就必须呼吸，呼吸过程不可避免地要产生水蒸气。箭袋树有办法，这种办法就是自我截枝！它能够自断枝叶，并将断口封住。

沙漠玫瑰：沙漠玫瑰生长在非洲撒哈拉大沙漠中，又叫沙漠夹竹桃、天宝花、小夹竹。它的叶片下面的气孔是陷在一个洞洞里的，洞口有茸毛，防止水分蒸发过快。

巨杉不怕火

文/赵盛基

美国加利福尼亚州内华达山脉西部生长着一种高大的树，这种树高100米左右，足有20层楼那么高；树干直径可达10米，在树干上挖洞的话，汽车都可以通过。而且，这种树的寿命很长，树龄在3200年以上，有的已达4000多年。它的名字叫巨杉。

山区难免发生山火，内华达山脉也不例外，多有火灾发生。然而奇怪的是，火灾过后，一些植物被烧死了，巨杉却能毫发无损。有的巨杉甚至已经经历了80多次火灾。

大火不但没让巨杉受损，反而让它们受益了，因为那些与之争夺养分的其他树种和灌木落叶被付之一炬，为它营造了得天独厚的生长环境。那么，巨杉为什么不怕火呢？

植物学家说，巨杉树皮非常厚，差不多有60厘米，而且不像其他树种的皮那样干燥、坚硬，而像海绵体，非常柔软。巨杉的树皮里还有水渗出，这正是巨杉不怕火烧的关键。无论是严寒的冬季，还是酷热的夏天，它们都喜欢吸收雨雪，并将水分储存在树皮里。由于它们厚厚的树皮里储存了大量的水分，起到了很好的保护作用，大火自然就烧不到树心了。还有，由于烧掉了竞争者，它们得到了更多的养分，反而获得了更好的生长机遇。所以它们才能屹立不倒，浴火重生。

世界上最高的树在哪里

　　在澳大利亚生长着一棵杏仁桉树。它是目前世界上现存最高的树，高达156米，相当于50层楼高。令人难以置信的是，这棵拥有着高大身躯的庞然大物的种子却小得离谱，它的20颗种子合在一起，才有一粒米大。

植物 也运动

文/佚 名

《植物大战僵尸》中，植物都是能征善战的战士。不少人认为，该游戏纯属虚构，植物连动都不会动，如何能打仗？其实，植物也会动。

黎明，向日葵露出笑脸，迎接旭日；中午，花盘跟着太阳慢慢转向南方；傍晚，太阳西下，它又面向西方和夕阳惜别。

向日葵为什么总向阳呢？原来，这种植物顶端有一种能刺激细胞生长的激素——生长素，它的分布受光的影响：向光面的生长素浓度低，背光面浓度高。向光面生长较慢，背光面生长较快，这样就产生了向光弯曲。所以，太阳转到哪个方向，向日葵就跟着朝向哪个方向。

还有一种会跳舞的草——舞草。它的小叶尖端一直在不停地跳着圆圈舞。舞草跳舞受温度的影响，在16℃以下，它便停止跳舞，随着温度的上

升，它会越来越活跃，到30℃时，它便进入了"黄金时代"。如果温度再升高些，舞草的跳动就渐渐不灵活了，从圆圈舞慢慢变为椭圆运动，最后变为直线运动。

除此之外，植物还有许多运动形式。

如果拿一棵萝卜的幼苗横放在地面上，过段时间，这棵幼苗会发生弯曲，根尖处向下弯，幼苗端向上弯。这叫作向地运动，它是由万有引力引起的。萝卜茎内的生长素在重力的作用下，较多地集中到靠近地面的部分，这部分细胞就加速生长，茎秆就慢慢地直立起来。

在植物的各种运动中，最有趣的还要数植物的感应性运动。比如被称为天然"晴雨计"的含羞草。轻触它一下，如果它的叶子很快收缩合拢，羞答答地低下头，那么可以断定，当日一定是晴天。如果它合拢下垂很慢，那就意味着风雨即将来临。

南极也有植物

文/佚 名

南极是地球上最后一个被人类发现的大陆，也是地球上唯一没有人类定居的大陆，人们称它为第七大陆。南极拥有地球上70％的淡水资源，是一个巨大的天然冷库。在南极，95％的地方都被冰雪覆盖，犹如白色的幻境。那么，在如此荒凉寒冷的地方，会有植物生存吗？

相关的考察资料显示，由于气候非常寒冷，植物在南极很难生长，只有一些苔藓和地衣类植物存在。

南极的植物种类虽然贫乏，但也有一些典型的植物，如羽毛果科、假山毛榉属、鸟毛蕨属以及南洋杉属等。

植物学家经过考察，发现南极仅有的850多种植物中多数为低等植物，只有3种开花植物属于高等植物。在低等植物中，地衣有350多种，苔藓有370多种，藻类有130多种。植物的品种和数量不仅不能与其他大陆相比，就是与北极地区相比也相差甚远。

　　因为特殊的地理位置，南极还有一些地方没有植物。南极的生态环境十分脆弱，为了保护上面的稀有植物，人类到南极大陆后有很多不成文的规定需要遵守，如不可损伤植物，不可在青苔覆盖的土地或斜坡上步行或登陆等。

植物也有生物钟 文/佚 名

　　大家都知道，人和动物体内都有"生物钟"来调节自身的生物节律，但科学家最近发现，跟动物一样，植物体内也有生物钟，来提醒它们迎接太阳的到来。

　　事实上，在200多年前，就有人用实验揭开了这个真相，他把叶片白天张开，晚间闭合的豌豆，放在与外界隔绝的黑洞里，结果看到植物叶片依然按节律白天张开而晚上闭合。这个有趣的实验表明：植物

体内确实存在一种能感知外界环境的周期性变化，调节生理活动的"生物钟"。如果你有水草水族箱，晚间打开水族箱的照明设备时，许多水草的外观会让你感到惊讶，它们已完全不同于白天的形态：茎上半部的叶子几乎完全合拢，呈现出"睡眠状态"。而第二天日出后，将灯光打开，它们就会慢慢"苏醒"，重新将叶子展开。即使灯光不开或不关，它们照样按时"睡眠"和"苏醒"。

　　植物有生物钟的原因是植物本身不会动，所以形成了一套特有的机制，使自己能够在极端恶劣的环境下生存。

植物会感觉到痛吗

文/佚 名

　　我们作为自然界的一员，又是自然界站在食物链顶端的人类，自然而然就会认为植物是没有感觉的，它们没有喜怒哀乐，也不会感受到痛。但是植物真的不会感受到痛吗？还是说只是它们没有表达能力，所以我们自以为它们不会痛呢？

　　其实此前科学家认为植物没有神经系统，是没有痛感的。但是最近有了一个新发现，当植物被虫子撕咬或者是人类撕破时，它们分泌的物质和人类以及动物感到疼痛时分泌的物质是一样的，这不禁让人想到，植物会不会也有痛感？

植物学家做了实验，并对植物体内的元素进行了检测，发现当植物的躯干或者树叶出现被虫蛀或者是人为的损害时，植物体内的钙元素含量会急剧升高，而拥有神经系统能够感知到痛感的人以及动物，在感受到痛时，体内的钙元素含量也会急剧升高。钙元素的升高是疼痛机制中的一环，此研究表明植物是有痛感的。

　　校园里常见的指示牌"请勿随意践踏草坪，小草也会痛的"，没想到在今天成了事实，是不是依旧感觉不可思议？植物居然也有痛感，而且植物的痛感比我们想象的更明显，有些植物甚至会做出一些特殊举动，把这种信息扩散给周围的植物。至于植物还有没有更多的感觉，植物学家还在进行更深入的研究。

植物也会 "走路"

文/佚 名

　　相信很多人对于电影中的树精、树人都会感觉特别神奇，事实上，世界上真的有一些会移动的植物，下面我们就来盘点一下吧！

　　行走棕榈树简称行走树，据说能够自行移动。它复杂的根系可以充当"腿"，当季节变化时，这些根可帮助"行走树"不断向有阳光的地方移动。"行走树"每天可移动2到3厘米，每年可移动20米远。虽然行走的距离听起来似乎不太远，但按照树的标准计算，行走树就相当于人类之中的超人了。

　　除了"行走树"，在美国西部，常能看到这样的画面：在荒无人烟的沙漠中，一团圆滚滚、胖乎乎的草，在大风中翻滚跳跃，穿越田野和公路，看上去既可爱又悲壮，这就是风滚草。风

　　滚草只有一年寿命。大多数人称它为草原"流浪汉"。每当干旱来临，风滚草就会从土里将根收起来，然后将自己的身体蜷缩成一团。它们在这个过程中不会因为缺水枯死，而是会随风滚动，直到找到新的水源，然后冒出新芽，开出玫红色或淡紫色的花朵。

　　另外，在南美洲秘鲁的沙漠中，有一种自己能徒步行走的植物——步行仙人掌。这种仙人掌类似于风滚草，能借助风的力量移动。步行仙人掌的根系是由一些软刺构成的，能随风在地面上移动，随遇而安。沙漠本来就非常干旱，当这种仙人掌在某一地区生活不下去的时候，就会为了生存，随着风一步一步移动，直到遇到绿洲，它们才停下来，扎根吸水，继续生长。步行仙人掌可以从空气中获取养分，所以能短时间离土而不死。

无花果
真的没有花吗
文/佚　名

　　人们常说，开花结果。可是无花果的果子每年都像是凭空长出来的。我们在无花果树上闻不到花香，看不到多姿的花瓣，难道无花果树真的不开花只结果吗？事实上，"看似无花却有花"的植物有几百种，无花果只是其中一个典型的例子。无花果既不是传说的先结果后开花，也不是完全不开花。无花果是有花的，它的花就藏在"果实"里。

　　无花果不仅有花，而且有许多花，只不过人们用肉眼看不见罢了。我们吃的无花果，并不是无花果的真正果实，而是它的花托膨大形成的球，无花果的花和果实藏在这个球里面。所以从外表看不见无花果的花，这种花属于植物学上的"隐头花序"。如果把无花果的球切开，用放大镜观察，我们就可以看到花托内有无数的小球，小球中央有孔，孔内生长着无数绒毛状的小花。因此，无花果其实是名不副实的。

花开有声音吗

　　花开时，随着花部器官的运动，会发出声音，但这种声音人类的耳朵难以分辨。

143

黑色花为什么不常见

文/佚 名

多姿多彩的鲜花装点着大自然，每到开花的季节，大地一片姹紫嫣红、欣欣向荣的景象，但让人疑惑的是，自然界中这么多种类和颜色的花儿，偏偏黑色花少见，这是为什么呢？

花儿的色彩主要取决于花朵细胞中所含的类胡萝卜素和花青素。类胡萝卜素使花朵呈现鲜明的橙色、黄色，而花青素则使花朵呈现红色、蓝色、紫色等。花朵中含有多种色素，日光照射的强度、温度、湿度和酸碱度的变化，会引起色素的变化，导致花儿变色。

科学家认为，黑色的花朵稀少，除了花朵的色素是决定性因素，也与太阳光有密切关系。我们知道，太阳光由赤、橙、黄、绿、青、蓝、紫7种色光组成；光波长短不同，所含的热量也不同——红、橙、黄色光为长波光，含热量较多；青、蓝、紫色光为短波光，含热量较少。花的各部，尤其是花瓣比较柔嫩，易受高温伤害，所以它们一般吸收含热量较少的蓝紫色光，而将红橙光反射出去，这就是红、橙、黄色花较多的缘故。

另外，黑色的花朵少见，还可能与昆虫有关。黑色花很难吸引昆虫，而昆虫又是花儿授粉、传粉的重要媒介，所以，在自然选择中，缺少昆虫传播花粉繁殖的黑色花逐渐被淘汰，存在于大自然中的黑色花朵也就极其少见。

平时我们说黑色的花有黑郁金香、墨菊、黑牡丹等，这些并不是黑色的，世界上根本没有纯黑色的花。平常人们说的黑颜色的花，其实更接近于深紫色。

植物有没有寄生虫

文/佚 名

日常生活中形容一个人比较懒，自己不劳动，总喜欢窃取他人的劳动果实时，会用"寄生虫"这个词。其实，在植物界也有"寄生虫"——寄生植物的存在，而且种类很多。那么，它们为什么要寄生，又是怎样寄生的呢？

寄生植物的寄生本领，是出于生存需要练出来的。植物所需要的营养物质主要来自两条途径，一条是从根部吸收水分和无机盐，另一条是通过光合作用制造含有能量的糖类作为"食物"。而寄生植物之所以寄生，是自身存在缺陷的缘故，如根部较小、体形较小、没有叶片等，只能将产生的寄生根侵入寄主体内，直接吸取寄主的养分，从而正常生活。

植物界的寄生植物有好几种类型，有的被称为"半寄生植物"。这类植物有自己的根、茎和叶，能够进行光合作用，但是根很少或者已经退化，它们把自己体内的导管与寄主直接相连，吸收寄主的水分和无机盐，如寄生在树上的桑寄生和槲寄生。还有一类寄生植物是完全寄生在别的植物身上，自己没有叶片或者叶片已经退化变形，没有根或者根也已经退化。这样，寄生植物既不能进行光合作用，又缺乏水分。所以，它们只有通过导管和筛管与寄主植物完全相连，从而吸取自身生长所需要的各种营养和水分，如菟丝子和列当等。被寄生的植物因此营养缺乏，会出现生长缓慢、矮小、变黄，叶、花和果实脱落或者枯萎。

在寄生植物中，也有很多稀有和漂亮的植物。例如有一种寄生植物叫水晶兰，整个植物都是白色的，非常美丽。世界上最大的花朵——大花草，也是一种寄生植物，它没有茎和叶，整个植物体就是一朵花。

哪些植物会吃动物

常见的会吃动物的植物有茅膏菜、捕蝇草、猪笼草、瓶子草等，它们一般生长在较为贫瘠的环境中，为了获取生长所需的营养物质，它们的某些部位，如叶子，进化成捕虫囊，借以捕食蚊、蝇和小型的甲虫等。

种子传播有妙招

文/席金合

一株无名的小草和一棵参天的树木，最终繁衍成无际的草原和茫茫的林海，它们的种子是如何播撒出去的？难道它们有腿吗？若有，它们又是怎样行走的？

随风飘落

初夏，一团团毛茸茸的柳絮漫空轻舞，抓一团细看，上面有一颗小点，这就是杨柳种子，它们正随风飞往远方安家。

靠风传播的种子通常身体很轻，像槭树、榆树、杨柳、木棉等的种子。它们大多生有轻盈的茸毛，可乘风飞行，一旦遇到合适的地方，便就地落户，成为那里的新主人。

搭乘便车

秋天，当人或动物经过田野中，苍耳、窃衣、鬼针草等的果实能牢牢钩在人或动物身上，趁机搭乘便车远行。槐树的种子能分泌胶汁黏液黏附到人的衣服或动物的皮肤或体毛上，来实现传播的目的。樱桃、野葡萄和山杏等，果肉汁多味甜，当动物们把果实吃进肚里时，果核就会随粪便排到各处，实现了种子的传

播。莲蓬能像一叶小舟漂浮于水面，把种子远布各地。椰果体大质轻，能漂在水中远行。许多热带海岸椰林密布，这与其果实的特殊结构密不可分。

向外抛射

一些豆类作物成熟后，豆荚上的果皮在骄阳烘烤下，"啪"的一声爆裂，在瞬间扭曲的荚皮弹射下，种子会像飞出枪膛的子弹，射向四面八方，滚落得满地都是。浆草的小红花果实成熟时，沿室背

开裂，果壳卷起，将种子弹出。表皮带有毛刺的"喷瓜"随着果实逐渐成熟，会不断产生气体，气体在瓜体内积聚，到达一定程度，瓜体顶端突然破裂，黏液夹杂着种子猛烈喷去，射程可达5米。

自己行走

混杂在麦田里的野燕麦种子，能够自己"爬"进土中。这种种子的外壳上长有一根长芒，会随着空气湿度的变化而旋转，种子就在长芒的不断伸曲中，一点点向前挪动，一旦碰到缝隙就钻进去，第二年生根发芽。田野中随处可见的青蒿和刺蓬等草类，株形蓬松硕大，近似圆球，种子成熟后，整株变成一团干柴，被觅草的牛羊一触碰，就从根部脱落。微风一起，它就像皮球一样，在田野中又滚又跳，种子在这个过程中不断撒落，悄然藏进土壤缝隙中，等待第二年春天萌发。